德化黑鸡（公）

德化黑鸡（母）

河田鸡（公）

河田鸡（母）

惠阳胡须鸡（公）

惠阳胡须鸡（母）

土鸡品种

金湖乌凤鸡（公）

金湖乌凤鸡（母）

闽清毛脚鸡（公）

闽清毛脚鸡（母）

桃源鸡（公）

桃源鸡（母）

寿光鸡（公）

寿光鸡（母）

萧山鸡（公）

萧山鸡（母）

辰山鸡（公）

辰山鸡（母）

土鸡品种

象洞鸡（公）

象洞鸡（母）

广西三黄鸡（公）

广西三黄鸡（母）

清远麻鸡（公）

清远麻鸡（母）

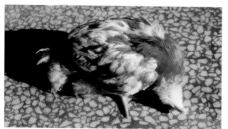

出现神经症状，扭颈，转圈

腺胃乳头出血

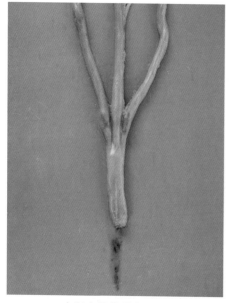

盲肠扁桃体肿大出血

小肠黏膜出血、溃疡，形成岛屿状坏死溃疡灶

喉头气管出血

头肿大，鸡冠发紫，肉髯水肿

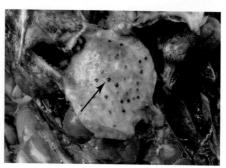

腺胃乳头有脓性分泌物，乳头周边出血

禽流感

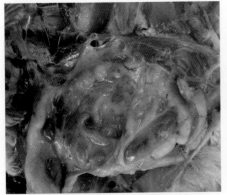

卵黄破裂于腹腔中形成卵黄性腹膜炎

心肌内壁出血

胰腺坏死、出血

脑部充血、出血

马立克病

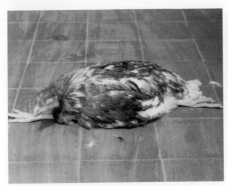

腿、翅麻痹、瘫痪，呈劈叉状

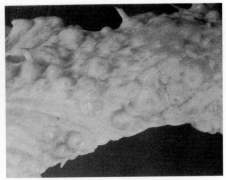

皮肤上有大小不等的肿瘤

6

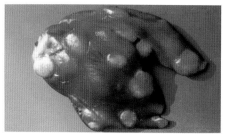

肝脏上有较大的肿瘤结节

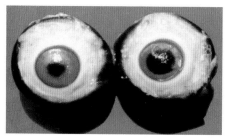

眼睛虹膜增生退色，瞳孔收缩，边缘不整，似锯齿状。右侧为正常眼睛

脾脏肿大 1~5 倍

肝表面有出血囊

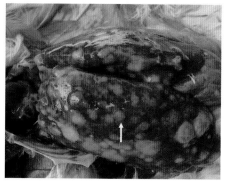

肝脏肿瘤结节

白血病

肾脏肿瘤

胸骨长血疱

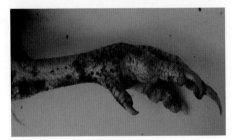

脚趾长血疱

传染性支气管炎

气管及支气管内有黄白色水样或黏稠透明的渗出物

雏鸡精神沉郁，张口呼吸

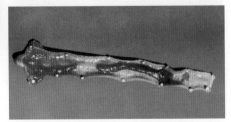

喉头黏膜出血，气管内有血栓

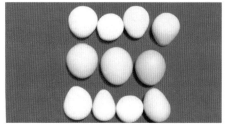

肾脏肿、退色，输尿管变粗，内有白色的尿酸盐，呈花斑肾

产白壳蛋、沙壳蛋、畸形蛋、小蛋。中间为正常蛋

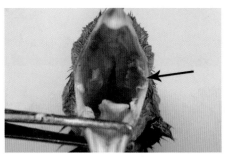

口腔黏膜上形成纤维素性假膜

鸡冠上长满鸡痘

腿部、趾部溃疡，有痘斑

精神不振，共济失调，偏瘫

传染性法氏囊病

法氏囊出血

正常

法氏囊肿大、出血

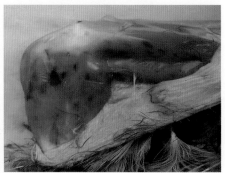

腿肌条状出血

胸肌条状出血

鸡白痢

白色粪便粘在肛门口

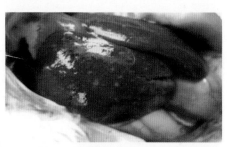

肝肿大，表面有大小不等的坏死点

眼睛混浊呈云雾状，失明

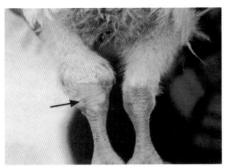

跗关节肿大，瘫痪

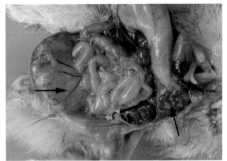

肺有白色坏死结节，卵黄吸收不良

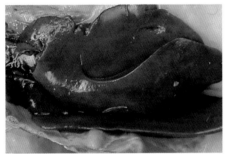

肝脏呈铜绿色

肝肿大，表面有白色坏死灶

肝脏表面有大小不同的坏死斑

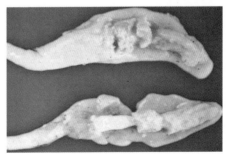

盲肠内有灰白色的干酪样栓子

禽霍乱

心冠脂肪出血

肝肿大，表面有针尖大小的白色坏死点

大肠杆菌病

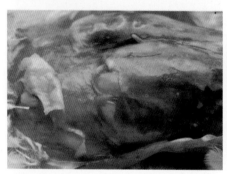

肝脏肿大、淤血，外有黄白色包膜，腹部有黄色纤维素膜

心包增厚，外有黄白色纤维素渗出物

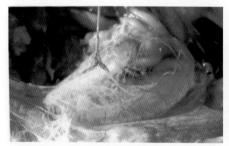

气囊混浊增厚，有纤维素渗出物

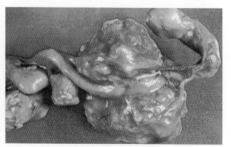

肠系膜上形成肉芽肿

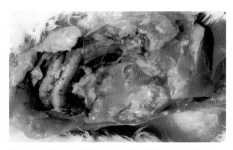

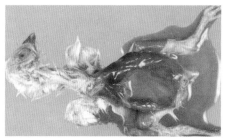

产蛋鸡腹腔有黄褐色纤维素渗出，肠粘连，有破裂的卵黄，恶臭

腹部膨大，卵黄呈黄褐色，易破裂

葡萄球菌病

趾部红肿

胸部发炎，有脓性分泌物

趾部溃疡结痂

坏死性肠炎

十二指肠肿胀、充血

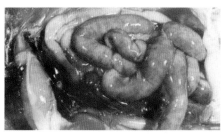

肠道极度肿大，坏死，鼓气，内有黑褐色肠容物

13

鸡毒霉形体病

脸部、眶下窦肿胀，发硬

气囊增厚，混浊，有黄色干酪物

心包炎、肝周炎

禽曲霉菌病

肺脏上有黄白色霉菌结节

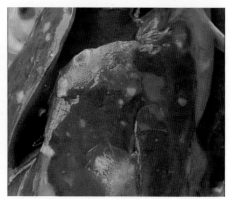

肝表面有霉菌斑

念珠菌病

嗉囊表面有霉菌溃疡灶，呈白色隆起状

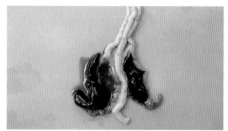

盲肠肿大、出血

小肠肿大、肠壁有出血点

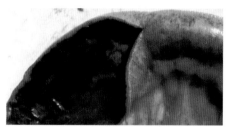

小肠壁增厚，肠内有大量血凝块

鸡冠苍白色

胸肌有大量突起的点状出血囊

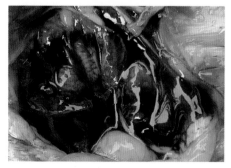

肾脏出血及血凝块

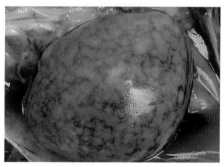

脾脏肿大 1~5 倍，呈斑驳状

蛔虫病

小肠内充满蛔虫

绦虫病

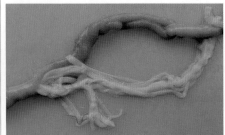

小肠内塞满大量白色扁平、带状分节的虫体

组织滴虫病

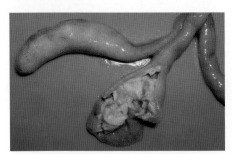

盲肠肿大，内有干酪样栓塞

肝脏肿大，表面形成黄绿色圆形的坏死灶

鸡螨

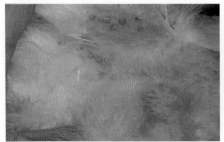

病变部位发红，在皮肤上形成斑点

羽虱

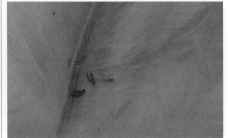

虫体寄生在鸡羽毛上

土鸡生态放养
技术问答

TUJI SHENGTAI FANGYANG JISHU WENDA

王长康◎编 著

海峡出版发行集团 | 福建科学技术出版社
THE STRAITS PUBLISHING & DISTRIBUTING GROUP | FUJIAN SCIENCE & TECHNOLOGY PUBLISHING HOUSE

图书在版编目（CIP）数据

土鸡生态放养技术问答/王长康编著.—福州：福建
科学技术出版社，2018.10
（特色养殖新技术丛书）
ISBN 978-7-5335-5579-5

Ⅰ.①土… Ⅱ.①王… Ⅲ.①鸡—饲养管理—问题解
答 Ⅳ.①S831.4-44

中国版本图书馆 CIP 数据核字（2018）第 044661 号

书　　名　**土鸡生态放养技术问答**
　　　　　　特色养殖新技术丛书
编　　著　王长康
出版发行　福建科学技术出版社
社　　址　福州市东水路 76 号（邮编 350001）
网　　址　www.fjstp.com
经　　销　福建新华发行（集团）有限责任公司
印　　刷　福州华彩印务有限公司
开　　本　700 毫米×1000 毫米　1/16
印　　张　10.5
插　　页　8
字　　数　183 千字
版　　次　2018 年 10 月第 1 版
印　　次　2018 年 10 月第 1 次印刷
书　　号　ISBN 978-7-5335-5579-5
定　　价　28.00 元
书中如有印装质量问题，可直接向本社调换

前言

随着我国经济的发展和人们生活水平的提高，人们的食品安全意识和营养保健意识不断增强，消费者不仅要求肉鸡产品营养丰富、感官性状良好、风味佳，更重要的是要求产品生态、安全、无药残、无污染。土鸡生态放养将传统养殖方法和现代技术相结合，育雏期在舍内饲养，生长中后期采用早晚补饲精料或五谷杂粮，与白天在山地、果园等放牧相结合的轮养方式。土鸡体型小、骨细肉厚、皮薄、肉质好、味香浓郁，属于高蛋白、低脂肪、低胆固醇的优质营养保健型食品，具有补虚益气、强身健体、提高人体免疫力等功效。因此，放养的土鸡也成为现代人的美味和营养、"绿色"保健食品，其价格一般是普通肉鸡的3～10倍，饲养效益可观，在肉鸡销售市场所占的份额逐年增加。

目前我国广大农村正处于调整农业产业结构的关键时刻，土鸡生态放养以生态建设和环境保护为前提，合理利用农村广阔的丘陵山地、果园、林地、荒山、荒坡等自然资源，实现种、养结合，成为养殖业的热点和农村新的具有活力的经济增长点，发展前景广阔，对增加农民收入具有重要意义。

针对当前土鸡生态养殖产业蓬勃发展的新形势，以及养殖户对土鸡饲养技术的迫切需求，在广泛调查研究的基础上，笔者精心编写了《土鸡生态放养技术问答》，以期对我国土鸡生态养殖产业化发展起到促进作用。本书的主要内容包括：土鸡生态养殖特点与适用品种、土鸡场建筑设计与设备、饲料与日粮配方、饲养管理、疾病综合性防治措施、常见疾病防治。该书既有理论作为依据，更注重生产实践中各主要环节的关键技术和措施，可供广大土鸡养殖技术和管理人员参考。

本书的出版获得福建省现代农业鸡产业技术体系（2013～2017）和福建省现代农业家禽产业技术体系（2018～2020）经费资助，并得到福建省畜牧总站江宵兵研究员、福建省农科院畜牧兽医研究所江斌高级兽医师的大力支持。土鸡生态养殖是独具特色的一门新兴产业，其发展与技术更是日新月异。由于时间仓促，学识水平有限，书中不足和错误之处在所难免，敬请读者批评、指正。

王长康

2018 年 8 月

目录
CONTENTS

一、土鸡生态养殖特点与适用品种

1. 什么是土鸡生态养殖？其优点有哪些？

土鸡生态养殖是将传统养鸡方法和现代技术相结合的一种轮养方式，即鸡育雏期在舍内饲养，生长中后期则利用农村广阔的丘陵山地、果园、林地、竹林、荒山、荒坡放养，并在早晚补饲精料或五谷杂粮。

土鸡生态养殖的总要求：安全环保，在丘陵山地、果园、林地、荒山、荒坡等环境生态条件下放养，饮水清洁卫生，水质应达到《无公害食品　畜禽饮用水水质》（NY 5027—2001）或《生活饮用水卫生标准》（GB 5749—2006）要求，饲喂饲料所使用的原料应是农业部公告第 1773 号、2038 号、2133 号、2249 号、2634 号《饲料原料目录》和农业部公告第 2045 号、2134 号、2634 号《饲料添加剂品种目录（2013）》中所列的品种，或是农业部公告允许在饲料产品中使用的饲料原料和添加剂品种。饲料添加剂和饲料药物添加剂应符合农业部公告第 2625 号《饲料添加剂安全使用规范（2017）》和《药物饲料添加剂品种目录及使用规范（2017）》。饲料卫生标准应符合《饲料卫生标准》（GB 13078—2017）和 DB35/562《猪鸡鸭用饲料产品安全质量要求》等的规定。严格限制化学药品和影响肉质风味物质的使用。鸡粪就地施于果树、林木，可增加氮肥供给，而且不污染环境。土鸡生态养殖方式既适用于家庭副业的小群养鸡，也适用于较大规模的专业化生产。

土鸡生态养殖的优点：土鸡在中后期放养期间，在野外可以觅食一些昆虫之类的动物性饲料、青饲料和矿物质，能充分利用自然资源，很少发生营养缺乏病；鸡舍可以因陋就简，投资小；此外，土鸡生态养殖时，活动面积大，阳光充足，空气新鲜，鸡体质健壮，肉质良好，风味增加，深受消费者欢迎。

2. 土鸡有哪些特点与外貌特征？

我国大多数地区称地方品种鸡为土鸡，中原和关中地区称柴鸡，江浙一带称草鸡。土鸡具有耐粗饲、抗病力强、耗料多、有就巢性、繁殖率低、生长速度慢、体型小、育肥效果差、肉质好、风味佳等特点。我国土鸡多数为肉用型或肉蛋兼用型。由于土鸡具有骨细肉厚、皮薄、肉质嫩滑、味香浓郁、营养全面等优点，而且适用于清蒸、清炖、煨汤、白切、盐焗等传统加工，因而深受消费者欢迎。土鸡的品质、风味除与鸡的品种、性别有密切关系外，也与饲养日龄、饲养方式、日粮的组成等有关。

对土鸡外貌特征的要求，主要来自于两个方面：一是土鸡饲养者为降低成本，提高上市价格，首先要求有好的卖相，包括土鸡的冠、羽毛、胫部及皮肤颜色等；其次是上市日龄和体重。福建省以黄羽、麻羽和黑羽，130～180 日龄，体重 1.5 千克左右的土鸡最受欢迎。二是消费者的消费习惯，各地因食鸡习惯不同而有变化，有的地方喜食接近性成熟、面红冠大的麻羽、黄羽母鸡，皮下脂肪及肌间脂肪分布均匀，用于白切，色、香、味俱佳；而有的地方以体重较小（1.2～1.5 千克）、日龄较大，胫细、短，胫的颜色为黄色或黑色的黄鸡或麻鸡较受欢迎，可用于清蒸、煨汤等。饲养者要针对当地市场要求选择合适的品种，以适应市场的需要。

（1）基本要求

土鸡一般要求体型大小适中，外观清秀，胸肌丰满，腿肌发达，胫短或适中，头小，颈长短适中，羽毛美观。母鸡翘尾、公鸡尾羽呈镰刀状是土鸡的典型外貌特征。土鸡一般要求饲养 130～180 天性成熟前上市，性成熟前的鸡体内贮存了大量的营养物质，如各种维生素、氨基酸、矿物质、脂肪等。这些物质可增加食用的营养、口感。研究表明，性成熟前的土鸡体内的一些未知物质能有效地提高人的思维能力，具有消除疲劳、抗衰老、提高免疫力、促进儿童的大脑发育等特殊作用。因而，土鸡上市时要求性成熟达到一定的程度，面部红润、羽毛长齐。

（2）羽毛特征

土鸡羽毛要求丰满，紧贴身躯。土鸡羽色斑纹多样，不同品种差异明显，有黄色、浅黄色、麻色、浅红色、红色、黑色、芦花羽等。公鸡要求颈羽、鞍羽、尾羽发达，有金属光泽。土鸡的羽色是其天然标志，不同地方消费者对土鸡的羽色喜好不同。

（3）冠形

土鸡冠形有单冠、桑椹冠、豆冠、玫瑰冠、杯状冠、角冠及毛冠等。鸡冠颜色要求红润（乌冠除外），冠大，肉髯发达，有的个体有胡须。

（4）喙、胫的特征

喙、胫的颜色主要有肉色、黄色、青色和黑色等。不同的消费者对胫色要求不同，南方市场较喜欢青色胫和黄色胫。土鸡的胫部较细，与快速型肉鸡有明显的不同，有的有胫羽。

（5）皮肤颜色

土鸡皮肤有白色、黄色、乌色和黑色等。多数消费者喜欢黄色和黑色皮肤。

3. 土鸡有哪些生活习性?

（1）早成雏

小鸡一出壳全身布满绒毛，便能独立行走和觅食，这为人工育雏提供了方便。

（2）耐寒怕热

土鸡全身布满羽毛，形成了良好的隔热层，加之每年秋季要重新换羽过冬，因此土鸡不怕冷。但土鸡没有汗腺，加之全身羽毛形成的有效保温层，散热主要依靠呼吸和排泄，因此土鸡怕热。当气温超过 26.6℃时，随着气温的上升，呼吸散热更为明显；当气温超过 30℃时，产蛋率下降；当气温超过 36℃时，鸡会出现中暑死亡。土鸡在放养时沙浴可防止中暑。

（3）性成熟较晚

土鸡性成熟较晚，一般土鸡的开产时间为 150～180 日龄。土鸡的性成熟受季节影响较大，春天饲养的土鸡开产早，秋季饲养的土鸡开产晚。

（4）有就巢性、产蛋量低

就巢性也称抱性，是土鸡繁殖后代的一种本能。自然条件下土鸡通过抱窝孵化小鸡。土鸡就巢时停止产蛋，因此土鸡产蛋量低，年产蛋量一般为 80～160 枚。

（5）冬休性

冬休性是指鸡在光照时间缩短、气温下降、营养供应不足的自然条件下停止产蛋的一种习性。土鸡的产蛋性能受营养、温度和光照的影响较大，每年春、秋季是其产蛋率较高的时期。土鸡生产要均衡发展，就要人为地创造有利于土鸡产蛋的环境条件。

（6）食性杂

土鸡食性杂，长期放养的土鸡能采食树叶、草籽、嫩草、青菜、昆虫、蚯蚓、蝇蛆、沙砾等，也可在果园、收获后的庄稼地采食落在地上的果实和谷物。土鸡耐粗饲的能力很强，但在粗饲条件下生长缓慢。土鸡主要靠角质化的喙啄食，对食物的机械消化作用主要在肌胃内进行，鸡的嗉囊是食物的暂存场地。鸡的嗉囊与腺胃、腺胃与肌胃交接处较狭窄，易阻塞。因此，加工饲料时，要防止枯枝、铁丝、铁钉、羽毛、塑料布、编织线、棉线等不易消化的物质混入饲料，以免被鸡误食形成阻塞，而后发展为软嗉、硬嗉病。放养时，注意清理牧场异物。

(7) 群居性强，易于建立条件反射

土鸡有很强的群居性，喜欢成群活动采食，特别是以1只公鸡为首形成的自然交配群。土鸡生长到一定的日龄，相互之间常争斗，根据个体之间争斗能力的强弱在鸡群中形成一种由强到弱排成的秩序（群体序列），群体序列利于群体的稳定。放养时，早上放出之前和晚上收圈时用哨子或口哨给鸡一个信号，然后再喂料，反复进行训练，经过1周后，鸡群就会建立起条件反射。晚上收圈时吹哨子或打口哨，鸡群就会回到舍内。

(8) 善飞翔，活泼好动

土鸡体型小，体重轻，羽毛丰满，利于飞翔、攀高。放养条件下，活动范围广，采食面积大，觅食能力强。大规模高密度饲养条件下则会发生争斗、啄肛、啄羽。

(9) 栖高习性

土鸡晚上喜欢在树枝、木杆、绳索上休息，也喜欢飞到高处，对此，饲养管理过程中应给予足够的重视，防止损坏电线、水管，或鸡只外逃。

(10) 换羽

土鸡有换羽的习性。换羽分为年龄性换羽和季节性换羽。小鸡出壳后全身布满绒毛，随日龄的增加逐渐将绒羽换成正羽；7～8周龄、12～13周龄、18～20周龄还要进行3次不完全更换羽毛。如果在土鸡新羽刚长出、旧羽未完全脱换完毕时屠宰上市，则新羽很难拔净，留在皮肤内影响屠体美观，所以土鸡要避免换羽期上市。慢羽型的土鸡在90日龄时背部、颈部、腿部和腹部的羽毛尚未长齐，"卖相"不佳。每年的秋季和初冬，土鸡群会出现季节性换羽。换羽时土鸡停产，因此应防止季节性换羽。换羽期间应配以足够的蛋白质、维生素和含硫氨基酸，以保证羽毛正常生长所需的营养。

(11) 敏感性强，应激反应大

土鸡反应敏感，易受惊吓而逃避到树枝丛、掩护物下或打堆，常出现挂伤、夹伤、抓伤等现象。因此，饲养土鸡的场所应避免噪声、陌生人、外来动物和转群等不良刺激，给其创造一个安静、稳定的生长环境。

4. 土鸡生态养殖有哪些生产特点？

(1) 品种多为我国的地方良种鸡

土鸡来源于我国优良的地方品种鸡，其血统较为纯正。除符合各品种特征外，还具有体型较为紧凑、胫细、羽色鲜艳、尾羽高翘等独特的体貌特征。

（2）土鸡生长发育较为缓慢，饲养周期长

大多数土鸡需养至130～180日龄，体重达1.2～2.0千克方可上市。在正常的饲养管理条件下，每年饲养2批。

（3）采取放养的饲养方式

土鸡除雏鸡阶段（0～4周龄）舍内保温育雏外，生长期（5～8周龄，也称中鸡）和育肥期（9周龄以上，也称大鸡）采取舍外放养为主的饲养方式。土鸡依靠野外长时间的采光和运动，体质强健，有利于肉质的改善。

（4）土鸡食性较广，日粮营养水平低，饲喂方法独特

土鸡除育雏期给予较多的配合饲料外，放养阶段则主要以野外的虫、草、谷等为主，辅以饲料。配合饲料营养水平较低，大多采取清晨少喂、中午不喂、晚间多喂的饲喂方法，以充分发挥土鸡的觅食能力，节省饲料。

（5）土鸡性情活泼，具有野性，好斗

土鸡性情活泼，追啄好斗，跳跃能力强。特别是在光线强烈、饲养密度大、接近性成熟时最明显，发生啄癖症的机会较多，给生产带来损失，这是土鸡生产中常见的一个问题。

（6）土鸡有其独特的发病机制和特点

土鸡饲养期长，饲养场地不易消毒，饲养方式简单，受气候变化影响大，所以有其独特的发病机制和特点。如鸡马立克病，通常以2～4月龄发病率最高，快速型肉用仔鸡此时已达上市屠宰日龄，死亡率不高；而土鸡由于生产周期较长，马立克病的发生较多，故雏鸡出壳后一定要免疫接种鸡马立克病疫苗。土鸡由于长期户外活动，且采食较多的虫、草，故其呼吸道疾病较少发生，而寄生虫病较多。此外，由于土鸡多采用厚垫料育雏方式，球虫病多发，防治费用较高。

5. 生态养殖的土鸡有哪些消费特点？

土鸡消费情况因不同地域、不同消费习惯而异，其消费群体与一般肉鸡也有所不同。

（1）土鸡消费市场的地域性差别

两广一带的消费者喜食黄色皮肤、黄色脂肪的三黄土鸡，特别是即将开产的小母鸡，而不喜欢吃公鸡。上海、江苏、浙江、河南、安徽、江西、湖南、四川等地的消费者喜食青脚青腿、黑脚黑腿的土鸡。我国北方大部分地区对土鸡的羽色、肤色要求不严，但喜吃公鸡。福建省闽西长汀、上杭一带民众喜食河田鸡；闽南泉州一带民众喜食德化黑鸡；闽北建瓯、建阳一带民众喜食辰山鸡。

（2）人们对土鸡的消费习惯

土鸡的消费者喜欢在农贸市场购买鲜活鸡，这是因为鲜活鸡易于鉴别是否为真正土鸡，且土鸡鲜宰后烹饪风味佳。随着我国市场经济的发展，更多土鸡被加工成白条鸡、冰鲜鸡等半成品摆放在超市里供消费者选择购买。这种销售方式是未来土鸡销售的主要方式。

（3）土鸡的消费群体

土鸡以其独特的风味、优良的肉质赢得了众多消费者的认可，其价格一般较高，因此土鸡的主要消费者是有一定经济实力的消费群体。他们比较注重土鸡的质量、安全性和风味，较少考虑价格。因此，土鸡生产的健康发展，依赖于土鸡生产者自觉地执行无公害养殖技术，规范市场行为，避免商品杂交肉鸡冒充土鸡、药物残留超标等不良现象发生。

6. 土鸡生态养殖前景如何？

（1）市场需求量大

土鸡的上市日龄为130～180天，肌纤维细、肌肉紧凑、肉质细嫩、脂肪少、无腹脂、皮脆骨细、味道鲜美、鸡汤清香。土鸡肉营养丰富，富含多种矿物质、维生素、类胡萝卜素，胴体中脂肪含量在7％以下，蛋白质含量高于20％，含有人体必需的8种氨基酸。因此，土鸡是补充蛋白质、矿物质和维生素的理想食品，被公认为是最佳的滋补品之一，适合老人、儿童、孕产妇和病人食用。以上特点决定了土鸡是家庭、酒店和食品加工厂的最佳原料鸡，市场需求量很大。

（2）投资省

土鸡采用放养方式饲养，鸡舍可以因陋就简，投资省；土鸡中后期放牧期间，在野外可以觅食一些昆虫之类的动物性饲料及青饲料和矿物质，能充分利用自然资源，鸡很少发生营养缺乏病，可降低饲养成本。同时，鸡粪便可以就地给果树、林树增加氮肥。

（3）饲养效益可观

土鸡的主要消费者比较注重土鸡的质量、安全性和风味，较少考虑价格，土鸡价格一般是普通肉鸡的3～10倍，饲养效益可观。

7. 适用于生态养殖的土鸡有哪些常见品种？

我国地域辽阔，地形地势复杂，气候差异大，加之民族众多，各地区民众消费习惯、鸡肉的烹饪方法不同，形成许多地方土鸡品种。据《中国畜禽遗传资源志（家禽志）》（2011）记载，我国地方土鸡品种107种。还有许多地方鸡种还未被家禽科学工作者发现和审定，例如福建省仅近几年就发现和审定几种地方土鸡品种或品种资源，如德化黑鸡、金湖乌凤鸡、闽清毛脚鸡、辰山鸡、象洞鸡、石龙鸡。

（1）河田鸡

河田鸡原产于福建省长汀、上杭一带，以肉质鲜美而驰名。它具有善觅食、适应性强、屠体丰满、皮薄骨细、皮下和肌间积贮适量脂肪、肉味鲜美、风味独特等优点。

外貌特征：公鸡主翼羽为黑色，有浅黄色镶边，副翼羽红棕色，尾羽和镰羽黑色有光泽，但镰羽不发达，头及颈羽为棕黄色，背、胸、腹部为淡黄色。冠为直立单冠，但冠体后端分裂成枝状的小冠尖。肉髯大而下垂，喙、胫黄色，体短而深、胸宽背阔，呈肉用型体态。母鸡体羽黄色，主翼羽与尾羽为黑色。颈羽有黑斑点在颈部形成环状黑圈，其余部位羽毛均为黄色。冠的形状与公鸡相似，喙、胫亦为黄色。成年公鸡体重 1.72 千克、母鸡体重 1.2 千克。150 日龄公、母鸡体重分别约为 1.3 千克和 1.1 千克。母鸡 6 月龄开产，年产蛋约 100 枚，平均蛋重 48 克，蛋壳呈浅褐色。

（2）德化黑鸡

德化黑鸡主产于福建省德化县戴云山主峰和九仙山周边的村落，属优质肉鸡地方品种，具有独特的品种特征。德化黑鸡公鸡特征是：全身羽毛深黑、呈片羽状，主翼、背部和尾部羽毛呈墨绿色；单冠直立，呈黑紫色或红色，冠尖一般为 5～8 个；乌喙、乌脚、乌骨、乌灰皮、乌灰肉等。母鸡形似公鸡，但体型较小，鸡冠比公鸡小。成年公、母鸡体重分别为 2.2 千克和 1.9 千克；160 日龄公、母鸡体重分别为 1.6 千克和 1.4 千克。母鸡 25 周龄开产，年产蛋约 120 枚，平均蛋重 46 克，蛋壳呈浅褐色。

（3）金湖乌凤鸡

金湖乌凤鸡主产于福建省泰宁县境内金湖周边乡村及将乐、建宁、邵武与江西黎川的部分乡镇。金湖乌凤鸡体态小巧轻盈，肉髯较大，耳叶中等；眼大，瞳孔黑色，虹彩橘黄色。体呈方形，紧凑。公鸡体型较大而雄壮，身体短而紧凑，颈短。背部羽色金黄鲜艳，主翼羽、尾羽均呈黑色，副翼羽为深红色，有光泽，尾巴高翘，镰羽发达，呈黑色；腿部长有裙羽，胫部有较长片羽。母鸡头披凤冠，麻羽，主翼羽和尾羽为黑色，颈羽、背羽、腹部羽为深黄色，每片羽毛末端有一黑色环镶边；腿部长有裙羽，胫长有片羽。金湖乌凤鸡不仅有一般乌骨鸡的乌皮、乌肉、乌骨的"三乌"品质特性，同时其外貌特征与普通家鸡明显不同，具有以下几大特征：

①桑椹冠。属桑椹冠型，公鸡较母鸡发达，冠体上有许多似桑椹样的粒状

小突起。鸡冠颜色在性成熟前为紫色（与桑椹相似），成年后则颜色逐渐减退，略带红色，故有"荔枝冠"之称。母鸡冠小，颜色更黑，公鸡冠紫红色，冠体较大。

②凤头。公、母鸡头顶均有一丛缨状冠毛，母鸡缨毛冠形似"贵妃帽"，当地俗称"凤头"，有黑色、黑麻色和金黄色3个变种，以黑色居多。

③绿耳。耳叶呈淡绿色彩，后备鸡最显色，成年后逐渐减退。

④毛脚。胫、趾部有小片羽，呈淡棕黄色或黄黑麻色。

⑤裙羽。公、母鸡腿部有较发达的裙羽，使鸡在外表上显得较矮。

⑥乌皮。全身皮肤及脸、喙、胫、趾均呈乌色，乌黑的部位和程度随不同个体而稍有差异。

⑦乌肉。全身肌肉及内脏器官均呈乌色。

⑧乌骨。骨质灰黑，骨膜呈深黑色。

金湖乌凤鸡5月龄公鸡体重为1.5千克，母鸡为1.3千克。公鸡120～130日龄开啼。母鸡156～168日龄产蛋，年产蛋80枚，蛋重47.5克，蛋壳呈浅褐色。

（4）闽清毛脚鸡

闽清毛脚鸡原产于福建省闽清县，主要中心产区为闽清县白中镇、坂东镇。其主要特征为黄麻羽，青嘴、青脚，单冠、白皮肤，体型紧凑健壮，尾羽发达，公鸡镰羽高翘，从腿到趾附着浓密的羽毛（故被命名为"闽清毛脚鸡"），裙羽、胫羽、趾羽十分发达，觅食力、抗逆性、适应性强，习惯在树枝上栖息。成年公、母鸡体重分别为2.4～2.5千克和2.0～2.2千克；母鸡20周龄开产，年产蛋约100枚，平均蛋重46～48克，蛋壳呈浅褐色。

（5）辰山鸡

辰山鸡主产于福建省建瓯市及周边县（市），体型较小，体态匀称，羽毛紧凑，脚小，胫、趾黑色或青色，无胫毛，单冠直立，冠、肉髯、耳叶红色，喙褐色或黄色，皮肤白色。公鸡羽毛多为红褐色或浅褐色，颈部和背部羽毛金黄色，尾羽长、黑色，成年公鸡体重1.9千克。母鸡体羽淡黄色，尾羽黑色，成年母鸡体重1.3千克。母鸡180日龄开产，年产蛋140枚，平均蛋重45克，蛋壳浅褐色。该鸡适应性强，抗病性强，适合野外放养，具皮薄而脆、肉滑嫩鲜美、骨细、味香、汤清甜等特点。

（6）象洞鸡

象洞鸡产于福建省武平县象洞乡。其主要特征为鸡冠为单冠分叉，颔下无肉髯，而有发达的放射状胡须，喙、脚、皮肤都呈黄色。具有适应性强、抗病性好、耐粗饲、体型清秀、肉质细嫩、肉味芳香等特点。成年公鸡体重为

2.0~3.0 千克,成年母鸡体重 1.8~2.5 千克。母鸡 180～210 日龄开产,平均蛋重为 48 克,年产蛋量为 80～120 枚。

(7) 惠阳胡须鸡

惠阳胡须鸡又名三黄胡须鸡、惠阳鸡,原产于广东省惠阳地区。以种群大、分布广、胸肉发达、早熟易肥、肉质特佳而在港澳市场久负盛名。惠阳胡须鸡属中型肉用品种,其标准特征为颌下具发达而展开的胡须状髯羽,无肉髯或仅有一点痕迹,总特征可概括为 10 项:黄羽、黄喙、黄脚、胡须、身短、脚矮、易肥、软骨、白皮和玉肉(又称玻璃肉)。公鸡有或无主尾羽,主尾羽颜色有黄色、棕红色和黑色,以黑色居多,腹部羽色颜色比背部稍浅;母鸡全身羽毛黄色,主翼羽和尾羽有紫黑色,尾羽不发达。成年公鸡体重 2.1~2.3 千克,母鸡 1.5~1.8 千克;在农家放养条件下的母鸡,开产前体重可达 1~1.2 千克,如经过笼饲育肥 12～15 天,可净增重 350～400 克,此时皮薄骨软、脂丰肉满,适于上市。惠阳胡须鸡因受就巢性强和腹脂多的影响,产蛋性能不高,母鸡 6～7 月龄开产,年产蛋量 70～90 枚,平均蛋重 47 克,蛋壳颜色有浅褐色和深褐色两种。

(8) 仙居鸡

仙居鸡产于浙江省仙居及邻近的临海、天台、黄岩等,属蛋用型鸡种。仙居鸡有黄、黑、白 3 种羽色,黑羽体型最大,黄羽次之,白羽略小。目前以黄羽鸡种居多。黄羽仙居鸡羽毛紧凑,尾羽高翘,体型健壮结实,单冠直立,喙短,呈棕黄色,胫黄色无毛。部分鸡只颈部羽毛有鳞状黑斑,主翼羽红夹黑色,镰羽和尾羽均呈黑色。虹彩多呈橘黄色,皮肤白色或浅黄色。成年鸡体重:公鸡 1.4 千克,母鸡 1.3 千克。母鸡 150 日龄开产,年产蛋 160～180 枚,平均蛋重 44 克,蛋壳以浅褐色为主。

(9) 东乡绿壳蛋鸡

本品种产于江西省东乡,属蛋肉兼用型鸡种。其羽毛黑色,喙、冠、皮、肉、骨、趾均为乌黑色。母鸡单冠,头清秀。公鸡单冠,呈暗紫色,肉髯深而薄,体形呈菱形。成年鸡体重:公鸡 1.7 千克,母鸡 1.3 千克。母鸡 152 日龄开产,年产蛋 160～170 枚,平均蛋重 50 克,蛋壳呈浅绿色。

(10) 白耳黄鸡

本品种主产于江西省上饶市广丰、上饶、玉山和浙江的江山,属我国稀有的白耳蛋用早熟鸡种。其主要特征为:黄羽、黄喙、黄脚、白耳。单冠直立,耳垂大、呈银白色,虹彩金黄色,喙略弯、黄色或灰黄色,全身羽毛黄色,大镰羽不发达、黑色且具绿色光泽,小镰羽橘红色。皮肤和胫部呈黄色,无胫羽。成年鸡体重:公鸡 1.5 千克,母鸡 1.2 千克。母鸡 152 日龄开产,平均年产蛋 184 枚，平均蛋重 55 克，蛋壳呈深褐色。

（11）广西三黄鸡

本品种产于广西省东南部的桂平、平南、藤县、苍梧、贺县、岭溪、容县等地。主要特征：公鸡羽毛酱红色，颈羽颜色比体羽浅，翼羽常带黑边，尾羽多为黑色。母鸡均黄羽，但主翼羽和副翼羽常带黑边或黑斑，尾羽也多为黑色。单冠，耳叶红色，虹彩橘黄色。喙与胫黄色，也有胫白色。皮肤白色居多，少数为黄色。成年公鸡体重 2.0～2.3 千克，成年母鸡体重 1.4～1.9 千克。母鸡 150～180 日龄开产，平均年产蛋 77 枚，平均蛋重 41 克，蛋壳呈浅褐色。

（12）狼山鸡

狼山鸡原产于江苏省南通地区。该鸡体型外貌最大特点是颈部挺立，尾羽高耸，背呈"U"字形，体高腿长，胸部发达，单冠直立，冠、髯、耳叶和脸为红色，皮肤白色，喙和胫为黑色，有胫羽，性成熟迟，有黑色和白色两个变种。其优点为适应性强，抗病力强，胸部肌肉发达，肉质好。成年公鸡体重平均 2.8 千克，母鸡 2.3 千克。年产蛋量可达 141 枚，平均蛋重 58 克，蛋壳呈褐色。

（13）固始鸡

固始鸡属蛋肉兼用型品种，原产于河南省固始。该鸡种性情活泼，敏捷善动，觅食能力强。体型中等，躯体呈三角形，外观清秀灵活，结构匀称，羽毛丰满，尾型独特。喙短、略弯曲，呈青黄色。冠型有单冠、豆冠，以单冠居多。冠、肉髯、耳叶和脸均为红色。公鸡羽毛呈深红色和黄色，镰羽多带黑色而富青铜光泽。母鸡羽毛以麻黄色为主，黑色、白色较少。尾型有佛手状尾和直尾。佛手状尾尾羽向后上方卷曲，悬空飘摇。皮肤暗白色，胫青色，无胫羽。成年公鸡 2.5 千克，母鸡 1.8 千克。母鸡 205 日龄开产，平均年产蛋 141 枚，平均蛋重 51 克。

（14）崇仁麻鸡

崇仁麻鸡属肉蛋兼用型品种，原产地在江西省崇仁，现已分布到江西省各地。该品种体型中等，呈菱形，具有性情活泼、敏捷、觅食力强、抗逆性好、肉质细嫩、肉鲜味美等特点。喙青色，单冠，冠、肉髯、耳叶、脸为红色。公鸡羽毛棕红色，尾绿色，胸腹部羽毛红中带黑。母鸡羽毛黄麻色或黑麻色，羽毛紧凑。胫、趾青色，无胫羽。该鸡有快羽和慢羽两个类型。成年公鸡 1.7 千克，母鸡 1.2 千克。母鸡 157 日龄开产，500 日龄平均产蛋 180 枚，平均蛋重 54 克，蛋壳呈浅褐色。

（15）宁都三黄鸡

宁都三黄鸡又称赣南三黄鸡，属肉蛋兼用型品种，原产于江西省宁都。该鸡体型偏小，颈粗短，背短体宽，胸深，胸肌发达。头较小，喙短而宽、黄色，单冠，冠、肉髯、耳叶均为红色。公鸡颈羽金黄色，背羽、翼羽深黄色或红黄色，鞍羽、镰羽金黄色，胸、腹羽淡黄色，主尾羽黑色闪光，有的杂以黄褐色边，翼羽有的杂以少量黑色或褐色边。母鸡颈羽、翼羽土黄色，胸腹羽淡黄色，背羽、鞍羽黄色。主翼羽少数个体杂以少量黑色或褐色斑，整个尾翼呈驼背状下垂。胫和趾橘黄色，胫内外侧有点状红斑，胫较短。成年公鸡 2.1 千克，母鸡 1.4 千克。母鸡 133 日龄开产，500 日龄平均产蛋 113 枚，平均蛋重 45 克，蛋壳呈淡褐色，少数褐色或白色。

（16）桃源鸡

本品种原产于湖南省桃源，肉质鲜美，富含脂肪，是优良的肉用型鸡种。鸡体型较大，近方形，羽毛颜色不一。公鸡黄红色，母鸡以黄色者居多，亦有黑麻色或褐麻色的。单冠、红色，胫、喙呈青灰色。公鸡头颈直立，胸挺，背平，脚高，尾羽翘起。母鸡头略小，颈较短，羽毛疏松，身躯肥大。成年公鸡体重 3.3 千克，母鸡 2.9 千克。年产蛋量 158 枚，平均蛋重 53 克，蛋壳呈浅褐色。

（17）萧山鸡

本品种原产于浙江省萧山一带，分布很广，肉质富含脂肪，嫩滑味美。萧山鸡体型较大，单冠而短小，冠、肉髯、耳叶均为红色。喙、胫黄色，公鸡全身羽毛以红、黄为主，尾部和主翼羽有黑羽。母鸡全身羽毛以黄色为主、有部分麻栗色。此鸡适应性强，容易饲养，早期生长快。成年公鸡体重 2.76 千克，母鸡重 1.94 千克。母鸡 6 月龄开产，年产蛋量 130～150 枚，平均蛋重 57 克，蛋壳呈褐色。

（18）清远麻鸡

清远麻鸡属小型肉用型鸡，原产于广东省清远市。清远麻鸡呈楔形，前躯紧凑，后躯丰满。外形特征"一楔、二细、三麻"，即体呈楔形，头细、脚细，羽色麻黄、麻棕、麻褐。单冠，喙、胫黄色。公鸡头、背部羽毛为金黄色，胸、腹、尾羽及主翼羽毛为黑色，肩、鞍羽枣红色。母鸡头部和颈前 1/3 羽毛呈深黄色，背部羽毛分黄、棕、褐三色，有黑色斑点。成年公鸡体重 2.2 千克，母鸡体重 1.8 千克。母鸡 180 日龄开产，平均年产蛋 75 枚，平均蛋重 47 克，蛋壳呈淡褐色。

（19）寿光鸡

本品种原产于山东省寿光市，历史悠久，分布较广。寿光鸡头部大小适中，单冠，冠、肉髯、耳叶及脸均为红色，喙、胫、爪均为黑色，皮肤白色，全身黑羽，并带有金属光泽，尾有长短之分。成年公鸡体重 2.8～3.6 千克，母鸡体重 2.3～3.3 千克，年产蛋量 117 枚，蛋重 60～65 克。寿光鸡蛋大，蛋壳呈深褐色，蛋壳厚。

（20）霞烟鸡

本品种原产于广西容县，是我国著名的地方良种鸡。该鸡体躯短圆，胸宽胸深，外形呈方形。母鸡羽色浅黄。公鸡羽毛黄红色，主、副翼羽带黑斑或白斑，尾羽不发达，有些公鸡鞍羽和镰羽有横斑纹。单冠，冠、肉髯、耳叶为红色。成年公鸡体重 2.5 千克，母鸡体重 1.8 千克。150 日龄公、母鸡体重分别为 1.6 千克和 1.29 千克。母鸡 170～180 日龄开产，年产蛋量 140～150 枚，平均蛋重 43.6 克，蛋壳呈浅褐色。

二、土鸡养殖场建筑设计与设备

1. 生态养殖土鸡场址如何选择？

（1）隔离条件要求

鸡场应选择在非疫区，周围 3000 米内无大型污染性的工厂、医院、屠宰场、皮毛加工厂等，距离公路主干线 1000 米以上，距离居民区及其他养殖场 500 米以上。

（2）地形地势要求

养鸡场的场地应选在地势较高、干燥、平坦且有适当坡度、排水良好和向阳背风的地方。坡度以 3％～5％为好，最大不超过 25％，建筑区坡度应在 2.5％以内。平原地区一般场地比较平坦、开阔，场址宜选择在较周围地段稍高的地方，以利排水。地下水位要低，以低于建筑物地基深度 0.5 米以下为宜。山区建场还应注意地质构造情况，避开断层、滑坡、塌方的地段，避开坡底和谷地以及风口，以免受山洪和暴风雨的袭击。

（3）水源水质要求

水量充足，水质良好，取用和防护方便。对水质情况需了解酸碱度、硬度、透明度，有无污染源和有害化学物质等。如有条件则应提取水样做水质的物理、化学和生物污染等方面的化验分析。水质标准应达到《无公害食品　畜禽饮用水水质》（NY 5027—2001）标准要求或参考人的公共卫生饮水标准。一般每只肉鸡昼夜用水量以 0.5 千克计算。

（4）地质土壤要求

鸡场土质要求土壤透气、透水性能良好，无病原和工业废水污染，以沙壤土或壤土为好。这种土壤疏松多孔，透水透气，便于排水，雨后场区不致积水，且有利于树木和饲草的生长。

（5）林地、果园要求

林地、果园等生态养鸡场地选择除考虑上述因素外，还要考虑林地、果园的特点。林地、果园以成林为宜。树枝干应高于鸡舍门窗，以利于鸡舍空气流通。每座鸡舍距离 30～50 米。鸡舍运动场比周围稍高，倾斜度以 10°～20°

为宜。

2. 土鸡生态养殖场如何布局？

生态放养方式饲养土鸡，每批鸡饲养量以 300～1000 只为宜，所以养鸡场饲养规模一般较小，其总体布局较简单，但鸡场的总体布局也要科学实用，因地制宜。根据拟建场区的自然条件，确定各种房舍和设施的相对位置，包括各种房舍分区规划、道路规划、供排水和供电等管线的线路布置以及场内防疫卫生的安排。合理的平面布置可以节省土地面积，节省建场投资，给日后管理工作带来方便。

（1）利于防疫

生产区与生活区要分开，非生产人员不准随便进入生产区。生活区地势要高于生产区，且与生产区有一定的距离，以保证空气清新。根据地势的高低、水流方向和主导风向，按人、鸡、污的顺序，将各种房舍和建筑设施按其环境卫生条件的需要次序排列（图 2-1）。

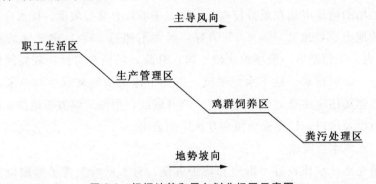

图 2-1 根据地势和风向划分场区示意图

首先，考虑人的工作和生活集中场所的环境保护，使其尽量不受饲料粉尘、粪便气味和其他废弃物的污染。其次，需要注意生产鸡群的防疫卫生，尽量杜绝污染源对生产鸡群的环境污染。如地势与风向在方向上不一致，则以风向为主（一般按夏季主风向）。对因地势造成水流方向的地面径流，可用沟渠改变流水方向，避免污染鸡舍；或者利用侧风向避开主风，将需要重点保护的房舍建在"安全角"的位置，以免受上风向空气污染。根据拟建场区土地条件，用林带相隔，拉开距离，将空气自然净化。对人员流动方向的改变，可采取筑墙阻隔或种植灌木等加以解决。

（2）便于生产管理，减小劳动强度

在进行鸡场各建筑物布局时，既要尽量减少占地面积，又要科学合理，以利于防疫。饲料、粪便、产品、供水及其他物品的运输等尽量直线往返，减少拐弯。

（3）减少投资，缩短道路和管线

鸡场内的道路、管线设计是否合理，对资金投入有较大影响，此外，道路还直接影响建筑物的排列和布局。各建筑之间的距离在饲养安全允许的情况下应尽量缩短，以缩短修筑道路、管线的长度，减少投资。

（4）便于实行轮牧

林地、果园、荒坡、小丘陵地生态养鸡要便于实行轮牧饲养，因此，育雏舍尽可能建在轮放饲养地的中央位置。

3. 生态养殖土鸡设计鸡舍时有什么要求？

（1）朝向

鸡舍宜坐北朝南，冬季日光斜射，可充分利用太阳辐射的温热效应，阳光可射入舍内，有利于鸡舍的保温取暖；夏季日光直射，太阳高度角大，阳光直射舍内很少，有利于防暑降温。

（2）跨度和长度

鸡舍的跨度一般不宜过宽，土鸡鸡舍一般没有机械通风，鸡舍高度较低，靠窗户自然通风，其鸡舍跨度以5～8米为宜，这样舍内空气流通较好。鸡舍的长度没有严格的限制，但考虑到工作方便、饲养的方式以及放养鸡群的规模，一般以10～30米为宜。

（3）高度

鸡舍高度根据饲养方式、鸡舍大小、气候条件而定。跨度不大、平养、气候不太炎热的地区，鸡舍不必太高，一般从地面到屋檐口的高度为2.0米左右；跨度大、炎热的地区，可增高到2.5米左右。

（4）屋顶

一般采用双坡式屋顶，但也可以根据当地的气候环境采用单坡式。在气温较高、雨量较大的地区，屋顶的坡度以大为好，最好加设顶棚，其上填放稻壳等保温材料，以增强隔热性能。

（5）墙壁与地面

墙壁的有无、多少或厚薄主要取决于当地的气候条件和鸡舍的类型。气温高的地区，可以建造简易的棚舍或半开放式舍。气温低的地区，墙壁要有较好的绝热性能。

4. 不同鸡舍的建设有什么具体要求?

总体要求:一是保温防暑性能好。鸡新陈代谢功能旺盛,体温比一般家畜高,因此鸡舍温度要适宜,不可骤变。尤其是1月龄以内的雏鸡,由于调节体温和适应低温的能力较弱,在育雏期间受冷受热或过度拥挤时,常易引起大批死亡。二是通风换气良好。鸡舍规模无论大小都必须保持空气新鲜,通风良好。在正常情况下,鸡舍内氨气的浓度不应高于0.02%,二氧化碳的浓度不得超过0.5%,硫化氢含量应在0.01%以下。三是光照充足。对开放式、利用自然采光的鸡舍而言,朝南向阳较好,窗户的面积大小也要恰当,种土鸡鸡舍窗户与地面面积之比以1∶5为宜,商品鸡舍则相对小一些。四是便于冲洗排水和消毒防疫。为了有利于防疫消毒和冲洗鸡舍的污水排出,鸡舍内地面要比舍外地面高出20~30厘米,鸡舍周围应设排水沟,舍内应做成水泥地面,四周墙壁离地面有0.5~1米的水泥墙裙。鸡舍的入口处应设消毒池。有窗鸡舍窗户要安装铁栏网,以防止飞鸟、野兽进入鸡舍。

土鸡生态养殖分为育雏期、生长期和育肥期3个阶段。有的从1日龄至出售都在同一栋鸡舍内饲养,只是前期必须保温,后期不必保温;有的育雏期保温阶段在育雏舍饲养,后两期移转到生长育肥鸡舍。各种鸡舍用途不同,建筑要求也有所区别。

(1) 育雏舍

育雏舍是饲养从出壳到3~6周龄雏鸡的专用鸡舍。设计育雏舍时,要特别注意做到保温良好、光亮适度、地面干燥、空气新鲜、工作方便。平面育雏的育雏舍,其墙高以2.4米为宜;多层笼养育雏舍,其墙高要2.8米。育雏舍的墙过高不易保温,会造成舍内上部温度很高,而雏鸡生活的地面温度不够。这不但浪费燃料,而且导致雏鸡发育不良。育雏舍的屋顶要设天花板,以利于消毒、保温和防鼠。此外,育雏舍与生长鸡舍应有一定的距离,以利于防疫。

(2) 生长育肥鸡舍

土鸡放养后期的生长育肥鸡舍主要用于放养时夜间休息或避雨、避暑。鸡在舍内饲养时密度大,要特别注意通风换气,否则,舍内空气污浊,会导致土鸡增重减缓,饲养期延长。生长鸡舍的面积大小、长度和高度,一般都随饲养规模、饲养方式、饲养品种不同而异。大小通常以一个饲养员的管理能力为度,在以手工操作为主的情况下,每人可饲养土鸡1000~3000只。土鸡后期放养属于粗放式饲养,其鸡舍建筑一般就地取材,因陋就简,尽量做到节约实用。

①利用空闲房舍庭院作鸡舍。农村家庭一般都有空闲房舍,只要经过适当修理,便符合养鸡要求,可节约鸡舍建筑投资。但要求房舍保温隔热性能良

好，能夏凉冬暖，通风、排水好，舍内干燥，光照充足。

②塑料大棚作鸡舍。塑料大棚原用于种植蔬菜，经改建用于饲养土鸡可取得良好的经济效益。它的突出优点是投资少，见效快，不破坏耕地。塑料大棚养鸡，在通风、取暖、光照等方面可充分利用自然能源：冬天利用塑料薄膜的温室效应提高舍温，降低能耗，节省饲料。夏天棚顶盖厚15厘米以上的麦草秸或草帘子，棚底敞开80厘米，拉上护网，中午最热天，舍内比舍外低2～3℃；如果结合棚顶喷水，可降低3～5℃，棚内温度不会超过33℃，不会引起中暑死亡。一般冬天夜间或阴雪天，适当提供一些热源，室温可达12～18℃。塑料大棚饲养土鸡设备简单，技术要求不复杂，只要了解塑料大棚建造方法和掌握大棚养鸡的饲养管理技术特点，就能把鸡养好，并可取得较好的经济效益。与建造固定鸡舍相比，资金的周转回收较快，一般当年可以回收投资，并可获利。缺点是管理维护麻烦、潮湿和不防火等。

③简易鸡舍。用木桩做支撑架，搭成2米高"人"字形屋架，四周用塑料布或饲料袋围好，屋顶铺上油毛毡，地面铺上干稻草，鸡舍四面挖出排水沟。这种简易鸡舍投资省，建造容易，易于搬迁，适合小规模冬闲田、果园养鸡或轮牧饲养法。

5. 生态养殖土鸡放养场有什么要求？

土鸡生态养殖，在饲养的中后期，白天天晴时需将鸡放到鸡舍周围的林地、山坡、果园或其他空闲地的运动场进行放养，让鸡充分利用林地、山坡、果园的杂草、昆虫等天然生物资源，促进鸡的生长，提高肉质风味。运动场位置要比鸡舍地面稍低，且干燥；有一定的坡度，便于排水，以防场内雨后积水。林地、山坡、果园运动场需要的面积以每只鸡占地大于2米^{2}为宜，鸡活动半径以鸡舍为中心30～50米为宜，运动场不能有锋利的石子。此外，在放养场地四周应设置围网或栅栏，以防鸡四处流窜，并注意防范各类兽害，特别是防鹰、狐等鸡群的天敌。养殖期间不得在场地喷洒农药、投放灭鼠药等有害有毒物质。放养场地执行轮牧养殖，每块场地每年饲养土鸡2批，每批养殖后需让场地空置2个月。

6. 土鸡生态养殖需要哪些常用设备？

鸡场采用放养方式饲养土鸡，其设备往往比较简单，只要有保温、喂料和饮水设备等就能满足生产要求。

（1）供暖设备

雏鸡在育雏阶段，尤其是寒冷的冬天、早春及晚秋都要提高育雏室的温度，以满足雏鸡健康生长的基本需要。供暖加温设备有好多种，不同地区的养鸡场、养鸡户可根据当地的热源（煤、电、煤气、木柴等）选择某种供暖设备来提高育雏温度。

①煤火炉。煤火炉是最经济的保温设备，如果鸡舍保温性能良好，一般 15～20 米² 用一个火炉即可。火炉的炉膛要用黄泥制成，4～5 厘米厚，以防散热过快。在以火炉为中心、半径 15 厘米的圆周处用铁丝网或砖隔离，以防雏鸡进入火炉被烧死或垫料燃烧引起火灾。火炉烟道要根据风向放置，以免烟囱口迎风，使火炉倒烟。特别要注意雏鸡易发生一氧化碳中毒。

②保温伞。用电做热源的一种伞形育雏器。保温伞由电炉丝接通电源后散热。通常伞面可用铁皮制作，直径 1.2～1.6 米、高 60～70 厘米，向上倾斜 45°，内装有自动调节温度装置，一般每个保温伞可容养 500 只鸡左右。

③地下火炕。在鸡舍内地底下挖沟，从鸡舍一端中间引向另一端，然后绕回始端，烟道随屋山墙向上引出屋顶，要求火道有一定坡度。火道始端垒制火炉，火炉垒一火膛，火膛顶部离地面有一定的高度，用煤和木材取暖。为使舍内温度相对均匀，火炉的远心端火道离地面高一些，近心端火道离地面矮一些。也有把火道设置在地面上，从鸡舍中间引向另一端，然后拐弯随前后墙回始端。如果育雏面积不大，垒制火道随墙引向一侧或两侧。火炕地面上铺设一层细沙或垫草。如果舍内温度低，可以在离地面一人高处用塑料薄膜搭起，以提高舍内温度。

④红外线灯泡。小型鸡场常用。靠红外线灯散发热量，保温效果也很好。灯泡规格一般是 250 瓦，1 只红外线灯泡可保温 100～200 只雏鸡。通常将 2～3 只红外线灯泡联用，挂在离地 35～40 厘米的高处，保温 300～500 只雏鸡。红外线灯泡优点是温度稳定，室内干燥；其缺点是耗电量大，成本高，易损坏，特别注意在通电时不能碰到水。

⑤立体电热育雏笼。一般为 4 层，每层 4 个笼为 1 组，每个笼宽 60 厘米、高 30 厘米、长 110 厘米，笼内装有的电热板或电热管为热源。立体电热育雏笼饲养雏鸡的密度，开始每平方米可容纳 70 只，随着日龄的增加和雏鸡的生长，应逐渐减少饲养数量，到 20 日龄减少到 50 只。夏季还应适当减少。

（2）饮水设备

①真空式饮水器（图 2-2）。用塑料制成，由水桶（圆桶）和水盘两部分组成。水桶的顶部呈锥形，水桶顶部和侧壁一定不能漏气，底盘的大小应根据鸡只的大小而定，要求只能让鸡喝到水而不能让鸡站在水中。水桶的底部开有 1 个圆孔，孔的位置不能高过水盘的上边缘，以免水溢出水盘外。当水盘内水位低于圆孔时，水由桶内流出；当水将圆孔堵住时，水流停止。目前市场有售

不同规格大小的真空饮水器。

②吊塔式饮水器（图2-3）。适用于大规模的平面饲养，能保持干净的水质，但内部设备要求高。供水靠饮水器本身的重量调节，上面与供水管连接。水少时，饮水器轻，弹簧可顶开进水阀门，水流出；当水重达到一定限度时，水流停止。

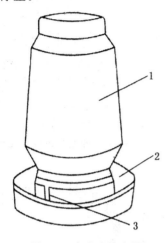

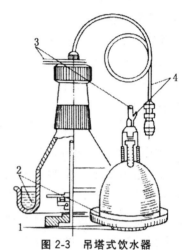

图2-2 真空式饮水器

1. 水桶 2. 水盘 3. 出水孔

图2-3 吊塔式饮水器

1. 底盘密封盖 2. 饮水盘 3. 吊扣 4. 进水管

③V形水槽。V形水槽可用镀锌铁皮或塑料制成。其优点是鸡喝水方便，制作简单，成本低。其缺点是水易受到污染。水槽下面设流水沟，以免水槽的水被鸡洒到垫料上，垫料因湿而发霉，危害鸡只健康。

④自制雏鸡用饮水器（图2-4）。可用玻璃罐头瓶、雪碧瓶或玻璃杯和盘子制作。方法是：将杯或瓶口用钳子剪出一小块，形成一个小缺口。使用时将瓶内装满水，扣上盘子，一手托住瓶底，一手压住盘底，翻转180°，使杯或瓶倒立在盘里，水便从缺口处流出，直到淹没缺口而自动停止。

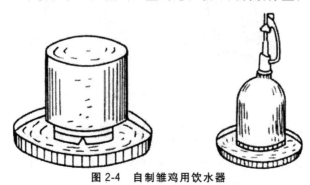

图2-4 自制雏鸡用饮水器

⑤自制中鸡或大鸡饮水盆（图 2-5）：用一个搪瓷盆或塑料盆装水，将若干根竹竿或小木棍上端捆扎在一起，下面等距离地将棍子架设在盆的周围，鸡只能从棍子的间隙中伸头饮水，却不能进入盆内，从而保持饮水清洁。

（3）喂料设备

①料盘（图 2-6）。适用于雏鸡饲养，有方形、圆形等不同形状。面积大小视雏鸡数量而定，一般每 60～80 只雏鸡配 1 个，圆形开食盘直径为 35 厘米或 45 厘米。

②料桶（图 2-7）。料桶由 1 个圆桶和 1 个料盘构成。圆桶内装上饲料，鸡吃料时，饲料从圆桶内流出，适用于平养中鸡、大鸡。它的特点是一次可添加大量饲料，贮存于桶内，供鸡只不停地采食。料桶材料一般为塑料和镀锌板，可承重 3～10 千克。容量大，可以减少喂料次数，减少对鸡群的干扰，但由于布料点少，会影响鸡群的均匀度。容量小，喂料次数和布料点多，可刺激食欲，有利于土鸡采食量和增重，但增加工作量。

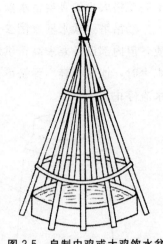

图 2-5 自制中鸡或大鸡饮水盆

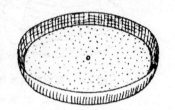

图 2-6 料盘

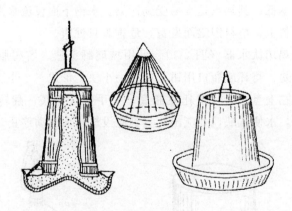

图 2-7 料桶

③料槽（图 2-8）。要求便于鸡的采食，鸡只不能进入料槽，以防止鸡的粪便、垫料污染饲料。多采用铁皮或木制成。雏鸡用料槽两边斜，底宽 5～7 厘米，上口宽 10 厘米，槽高 5～6 厘米，料槽底长 70～80 厘米；中鸡或大鸡

用料槽，底宽 10~15 厘米，上口宽 15~18 厘米，槽高 10~12 厘米，料槽底长 110~120 厘米。

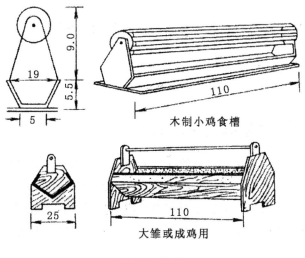

图 2-8　料槽

（4）鸡笼与产蛋箱

①育雏笼和育肥笼。育雏笼和育肥笼型号很多，各地养鸡场或养鸡户可根据实际情况购用。鸡笼的材料多是钢丝、铁丝，直径 2~3 毫米。为延长钢丝或铁丝鸡笼的使用年限，可采用镀锌、镀塑等防腐措施。

②种鸡笼。种鸡笼分群体笼和单体笼两种，采用自然交配的种鸡使用群体笼，采用人工授精方法的种鸡使用单体笼。

③产蛋箱。产蛋箱可用木板、纤维板制成，设置在暗处。产蛋箱一般宽 30~35 厘米，深 35~40 厘米，高 30~40 厘米。平均每 4~5 只鸡设 1 个产蛋箱，产蛋箱离地面高度 40~50 厘米，一般设 2 层。

（5）捕鸡、装鸡工具

常用捕鸡用具有捕鸡网、捕鸡笼和捉鸡钩。捕鸡网是用铁丝制成一个圆圈，上面用线绳接成一个浅网，后面接一个木柄。使用时可用网将鸡扣在下面，也可贴着地面将鸡铲入网中。捕鸡网适用于笼养或野外捉鸡。捉鸡钩用 8 号铁丝做成，一端弯成钩，另一端弯成把，把的长度与人身高基本相当。捉鸡钩适宜在大群中捉鸡。运鸡的笼子及其网眼大小可根据鸡的大小而定。装运雏鸡的笼子每格可运 30~50 只，网孔直径 1 厘米；装运成鸡的笼子每格装 10~20 只，网孔直径 3 厘米。

三、土鸡饲料与日粮配方

1. 鸡的消化器官有哪些构造特点?

鸡无唇,具有角质化、锥形的喙,方便采食,采食细碎的粒状饲料比粉料容易。鸡口腔没有牙齿,无咀嚼作用。舌头味蕾的数量少,味觉能力差,寻找食物主要靠视觉和嗅觉。饲料在口腔内停留时间很短。唾液腺不发达,淀粉酶含量很少,消化作用不大,只能湿润饲料,以便于吞咽。鸡无软腭和颊,饮水时靠仰头才能流进食道。

鸡的食道中间部有膨大球形的嗉囊,嗉囊弹性很大,主要作用是贮存饲料,并分泌黏液以湿润和软化饲料,嗉囊可根据需要有节奏地把食物送进胃里。

鸡的腺胃很小,但消化腺特别发达,能分泌大量的消化液(主要是盐酸和蛋白酶),饲料在腺胃停留的时间很短,与消化液混合之后很快进入肌胃。肌胃是鸡特有的消化器官,胃壁特别发达,由坚厚的肌肉构成,胃内表面覆盖着坚韧的角质膜。鸡没有牙齿,全靠肌胃角质膜和采食时积存的沙砾,通过肌肉强有力的收缩运动来磨碎饲料,起着咀嚼作用。若鸡吃不到足够的沙粒,则消化能力就会下降,因此在饲喂中要给予一定量的沙粒帮助消化。

鸡的小肠由十二指肠、空肠和回肠组成,是肠道中最长的部分。小肠分泌淀粉酶、蛋白酶;胰腺分泌的淀粉酶、蛋白酶、脂肪酶经胰管进入十二指肠末端;胆囊分泌的胆汁,起中和酸性食糜和乳化脂肪作用,经两根胆管进入十二指肠末端。在这些消化液共同作用下,蛋白质被分解成氨基酸,脂肪被分解成甘油和脂肪酸,淀粉被分解成单糖。然后,经肠壁吸收后由血液运送到肝脏,再经肝脏的贮存、养分的转化、过滤与解毒后,养分通过血液循环分配到全身组织和器官。鸡的大肠包括两条发达的盲肠和很短的直肠。由于鸡没有消化纤维的酶,饲料中的粗纤维主要在盲肠中被微生物分解,但小肠内容物只有少量经过盲肠,并且微生物的分解能力也很有限,所以,鸡对粗纤维的消化利用很少,可忽略不计。鸡的消化道总长度比较短,因此消化道容积小,不能在短时间内容纳大量的饲料,所以必须增加喂料的次数或采食的时间,才能获得足够的营养物质。饲料通过鸡消化道的速度比较快，饲料排空一般成年鸡和生长鸡只需 4 小时左右，停产鸡约需 8 小时，抱窝鸡约需 12 小时，所以鸡很容易饿，营养物质消化吸收不完全。鸡排出的粪便中尚有 20％～25％的营养物质未被消化吸收。鸡粪中含水 70％～75％，每 10000 只 1.8 千克重的鸡可日产约 1 吨的鸡粪。干鸡粪中含粗蛋白质 33.5％、粗纤维 10％、灰分 26％、无氮浸出物 22.5％。

鸡的泄殖腔是直肠、输尿管、生殖器的共同开口，故其粪便表面有一层白色的尿酸盐。

鸡消化系统结构见图 3-1。

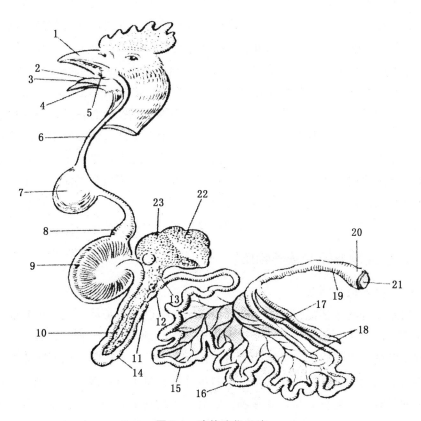

图 3-1 鸡的消化系统

1. 上喙 2. 口腔 3. 舌 4. 下喙 5. 咽 6. 食道 7. 嗉囊 8. 腺胃 9. 肌胃 10. 胰腺 11. 胰管 12. 肝胆管 13. 总胆管 14. 十二指肠 15. 空肠 16. 卵黄柄 17. 回肠 18. 盲肠 19. 直肠 20. 泄殖腔 21. 肛门 22. 胆囊 23. 肝脏

2. 鸡怎么消化饲料？

鸡食入饲料，必须经过消化，使其中所含的各种营养物质分解成简单的物质，以易于吸收，供鸡体新陈代谢所用。蛋白质在胃蛋白酶和胰蛋白酶协同作用下，先形成中间产物，再经肠液的消化作用最后分解为小肽和氨基酸。糖类物质在体内吸收之前，首先要分解成单糖。淀粉在唾液作用下转化成麦芽糖，然后再在麦芽糖酶的作用下分解为葡萄糖。纤维素的消化是靠肠道内微生物的发酵分解。脂肪的消化主要靠胰液中的脂肪酶，将脂肪分解成甘油和脂肪酸。胆汁也能促进脂肪的消化。

各种营养物质，经过消化过程最后变成简单的小分子的小肽、氨基酸、单糖、葡萄糖、脂肪酸、可溶性盐类和维生素等物质，通过肠壁吸收进入血和淋巴内，然后再通过血液循环和淋巴循环运送至全身各处。葡萄糖大部分转变成肝糖原贮藏于肝脏中，或直接被组织分解、利用，同时产生能量，保持体温，或部分转变为脂肪；氨基酸输往身体各组织器官，是构成羽毛、肉、蛋中蛋白质的基本物质，剩余部分分解产生能量或转变为脂肪；脂肪在肠道内消化分解为甘油和脂肪酸，经肠壁吸收后，在机体组织中又重新合成细胞中的脂肪；矿物质主要由小肠吸收，在渗透压的作用下进入肠绒毛内，维持组织器官的正常功能，促进代谢、骨化和形成蛋壳等；维生素在体内不氧化供能，它主要以辅酶和催化剂的形式广泛参与体内营养素的合成与降解，从而保证机体组织器官的细胞结构和功能的正常，以维持动物健康和各种生理活动。

3. 土鸡需要哪些营养物质？

（1）碳水化合物

碳水化合物包括淀粉、糖类和纤维素，其中己糖、蔗糖、麦芽糖和淀粉是鸡体需要的物质。饲料中的己糖主要为葡萄糖、果糖、半乳糖、甘露糖。鸡不能利用乳糖，因为鸡的消化液中没有乳糖酶。鸡消化道中不分泌纤维素酶，对纤维素的消化能力低，故土鸡配合饲料中纤维含量不可过多。但纤维含量过少时鸡的肠蠕动不充分，易发生啄羽、啄肛等不良现象。饲粮的纤维含量一般应在 2.5%～5.0%。碳水化合物除作为主要供能物质外，还是鸡体组织器官的构成物质，在鸡体内还可转变为糖原和脂肪而作为营养贮备；碳水化合物的某些中间产物，可与氨基结合而形成非必需氨基酸，如谷氨酸、丙氨酸等。

（2）脂肪

脂肪氧化供能效率高，是碳水化合物的 2.25 倍，适口性好，是脂溶性营养素的溶剂。脂类是鸡体组织细胞的重要组成部分，是合成某些激素的原料，尤其是生殖激素大多需要胆固醇作原料。脂肪可由其他营养成分转化而来，而且大部分脂肪酸均能在鸡体内合成，一般不存在脂肪缺乏的问题，唯有亚油酸在鸡体内不能合成，必须从饲料中提供，故亚油酸称为必需脂肪酸。必需脂肪酸缺乏，影响磷脂代谢，造成膜结构异常，通透性改变，皮肤和毛细血管受损。典型的症状是水需要量增加，对疾病的抵抗力下降，雏鸡生长不良。以玉米为主的饲粮通常含有足够的亚油酸。而有些地区以稻谷、高粱、麦类为主的饲粮饲养土鸡则可能出现缺乏亚油酸现象。

在鸡的日粮配方计算值中通常不把碳水化合物和脂肪作为指标，而把代谢能作为日粮配方重要计算值。能量对鸡具有重要的营养价值，根据鸡的排泄特点，目前普遍采用表观代谢能（ME）来表示饲料的能量价值。饲料中能量表示方法是兆焦/千克（MJ/kg）、千焦/千克（kJ/kg）。饲料中代谢能是鸡的一切生命活动，包括呼吸、循环、消化吸收、运动、排泄、生长繁殖、体温调节必需能量的来源。能量不是一种营养素，饲料中的脂肪、碳水化合物和蛋白质都含有能量，以化学潜能的形式存在，经氧化后供机体利用。在一般饲养条件下，饲料中的脂肪和碳水化合物是主要的供能物质。

日粮的能量值在一定范围内，鸡具有"因能而采食"的特性，即鸡每天采食量多少是由日粮的能量值而定，所以饲料中的能量与其他营养物质要有一个合适的比例，使鸡食入的能量与各种营养素之间保持平衡，这也是现代营养学中很重要的原则。鸡能把饲料中超出需要的能量物质转化为脂肪贮存在体内，主要贮存在腹腔和皮下。鸡的能量供给不足时，生长缓慢，健康状况恶化，饲料能量用于生产的效率降低。土鸡后期放养阶段如果精料补充不足，常常发生能量缺乏现象。

（3）蛋白质

蛋白质是构成生物体的基本物质，同时也是生物有机体最重要的营养物质。鸡的内脏器官、肌肉、骨基质、皮肤、羽毛、血液、激素、酶等主要由蛋白质组成。在新陈代谢中，蛋白质用于肌体蛋白质的更新和组织细胞的补偿等，是生命的物质基础，而构成蛋白质的基础物质是氨基酸。鸡体蛋白质含有22种氨基酸。

①氨基酸的分类。氨基酸可分为以下两类：

一是必需氨基酸。必需氨基酸是指在鸡体内不能自然合成，或者合成速度慢，量少，不能满足鸡的生长发育需要，必须由饲料中提供的氨基酸。鸡的必需氨基酸主要有10种：蛋氨酸、赖氨酸、色氨酸、组氨酸、精氨酸、亮氨酸、异亮氨酸、苏氨酸、缬氨酸、苯丙氨酸。对雏鸡来说，甘氨酸也是必需氨基酸。对鸡而言，最重要的氨基酸是蛋氨酸、赖氨酸和色氨酸，它们在饲料中的含量常低于鸡的需要量，这3种氨基酸缺乏或比例不当时，其他氨基酸的利用就会受到限制，使蛋白质的合成减少。因此，这3种氨基酸又称为限制性氨基酸。在生产中，首先要保证这3种氨基酸的供应。

二是非必需氨基酸。非必需氨基酸是指能在鸡体内生物合成，或者可以由其他氨基酸代替，一般不会缺少的氨基酸，如酪氨酸、谷氨酸、丙氨酸、天门冬氨酸、脯氨酸等。值得注意的是：非必需氨基酸仍是鸡体所需要的，其需要量占氨基酸总量的60%。非必需氨基酸绝大部分由日粮提供，不足部分才由体内合成。

②氨基酸的平衡。蛋白质品质的优劣，主要取决于必需氨基酸的种类、含量比例是否合适。必需氨基酸中任何一种氨基酸不足都会影响鸡体内蛋白质的合成，饲养时必须注意氨基酸的平衡，尤其是蛋氨酸、赖氨酸、色氨酸和胱氨酸。必需氨基酸在一般谷物中含量较少，鸡利用其他各种氨基酸合成蛋白质时，均受到它们的限制。蛋白质水平低的日粮更要注意氨基酸的平衡。实践上单喂植物性蛋白质时，鸡生长慢、产蛋少，而补加一些动物性饲料就能显著改善。主要是因为动物性饲料氨基酸组成完善、含量较高，特别是蛋氨酸、赖氨酸含量高，使饲料氨基酸平衡。此外，动物性蛋白质还含有维生素 B_{12} 和未知生长因子。因此，在土鸡日粮配合时，饲料种类要多样化，补充一部分动物性蛋白质饲料或添加人工合成的氨基酸，以保证氨基酸的平衡，这是保持土鸡日粮全价性的重要措施。氨基酸缺乏时，鸡生长迟缓、体重轻、羽毛生长不良、蓬乱、无光泽。

③氨基酸的有效性。氨基酸的含量常用氨基酸占饲粮的百分比或氨基酸占粗蛋白质的百分比表示，后者常用于比较蛋白质品质。饲料中的氨基酸不仅种类、数量不同，有效性也有很大差别。近年来，对鸡饲料蛋白质质量的研究已从粗蛋白质和氨基酸发展到可利用氨基酸。可利用氨基酸是指饲粮中可被动物消化吸收的氨基酸，也叫可消化氨基酸或有效氨基酸。根据饲料的可消化氨基酸含量进行日粮配合，能够更好地满足鸡对氨基酸的需要。

④影响必需氨基酸需要的因素。饲料中必需氨基酸和非必需氨基酸的含量和比例均应保持均衡，才能满足机体蛋白质合成的需要。否则，会促进必需氨基酸向非必需氨基酸的转化，使必需氨基酸的需要量增加。如胱氨酸不足，会增加蛋氨酸需要；酪氨酸不足，会增加苯丙氨酸需要。按含氮量计算，必需氨基酸和非必需氨基酸的最佳比例为6：4。日粮的能量浓度过高，导致鸡采食量下降，减少了其他营养物质的进食量。因此，日粮的能量浓度提高时，需要提高包括必需氨基酸在内的各种营养物质的浓度。日粮的蛋白质水平影响必需氨基酸的需要，当蛋白质水平提高时必需氨基酸的需要量相应增加。日粮中某

些维生素的含量也会影响必需氨基酸需要量，如维生素 B_{12}、胆碱及硫的不足会妨碍蛋氨酸的利用，而使蛋氨酸需要量增加；当烟酸不足时，机体利用色氨酸合成烟酸，从而增加色氨酸需要量。日粮中的蛋白质补充料因加工不当，如饼类、豆类饲料加热过度，使某些必需氨基酸消化吸收率下降，特别是会降低赖氨酸、蛋氨酸、胱氨酸和色氨酸的吸收率，而使其需要量增加。

蛋白质也可分解供能，但蛋白质的主要作用不是供能。以蛋白质作能量不仅不经济，还会增加机体的代谢负担。但当鸡体内供给热能的碳水化合物和脂肪不足时，多余的蛋白质可在体内经分解、氧化供能，以补充热能的不足。在过度饥饿时体内蛋白质也可分解供能。机体内多余的蛋白质可经脱氨基作用，将不含氮部分转化为脂肪或糖原，贮备起来以备营养不足时供能。

（4）矿物质

矿物质是鸡体组织、细胞、骨骼等的重要成分，是酶、激素及某些维生素的组成部分或激活剂，在鸡体内参与调节血液渗透压，维持酸碱平衡和神经兴奋性，是保持鸡正常生理功能和生产性能所必需的无机营养成分。

鸡体内必需的矿物元素有 16 种，根据其含量的不同，可分为常量元素和微量元素两类。鸡体内含量大于或等于体重的 0.01% 的元素为常量元素，包括钙、磷、镁、钠、钾、氯和硫；鸡体内含量少于体重的 0.01% 的元素为微量元素，包括铁、锌、铜、锰、碘、硒、钴。鸡体内矿物质元素存在形式多种多样，大多数元素以结合态形式存在。矿物质在体内不产生热能，但它参与体内各种生命活动，饲料中矿物质元素的含量过多或缺乏都可能产生不良的后果。

（5）维生素

维生素是一类动物代谢所必需的低分子有机化合物。体细胞一般不能合成维生素（维生素 C、烟酸例外），必须由日粮提供或提供其先体物。消化道的微生物能合成多种维生素，但鸡消化道较短，合成量有限，肠道合成的维生素被消化吸收的可能性很小。

维生素不是机体的结构成分，也非能源物质，需要量微少，但生物学作用很大。它们主要以辅酶或催化剂的形式广泛参与体内代谢的多种化学反应，从而保证机体组织器官的细胞结构功能的正常，调控物质代谢，以维持动物健康和生产活动。缺乏某些维生素可引起机体代谢紊乱，影响动物健康和生产性能。目前已确定的维生素有 14 种，另有类似维生素物质 10 多种。按其溶解性，把维生素分为脂溶性和水溶性两大类。脂溶性维生素包括维生素 A、D、E、K，在消化道随脂肪一同被吸收，吸收的机制与脂肪相同。有利于脂肪吸收的条件，如充足的胆汁和形成良好的脂肪颗粒，也有利于脂溶性维生素的吸收。水溶性维生素主要包括维生素 B_1、B_2、B_6、B_{12}、泛酸、烟酸、叶酸、生物素、胆碱及维生素 C 等。水溶性 B 族维生素的主要作用是作为辅酶催化碳水化合物、脂肪和蛋白质代谢中的各种反应。多数情况下，缺乏水溶性 B 族维生素的症状无特异性，食欲下降和生长受阻是其共有的症状。

（6）水

水是动物体的主要组成部分，是鸡生命活动不可缺少的物质。营养物质的分解、吸收和运输，废物和毒物的排除都必须有水参与。鸡每进食 1 千克饲料，需饮 2～3 千克水。水还有调节渗透压、健全体温调节功能等作用。土鸡和其他动物一样，失去所有的脂肪和一半的蛋白质仍能活着，但失去体内水分 10％则多数会死亡（雏鸡含水 85％，成年鸡含水 55％）。鸡所需的水分 75％靠饮水供给，6％从饲料中来，19％来自代谢水。所以应当把水作为必需的营养物质来看待。

4. 土鸡常用的饲料有哪几类？

土鸡的饲料种类繁多，根据营养物质含量的特点，可分为能量饲料、蛋白质饲料、青饲料、维生素饲料、矿物质饲料及饲料添加剂等。

能量饲料是指干物质中粗纤维含量低于 18％、粗蛋白质含量低于 20％的饲料。它富含淀粉、糖类和纤维素，包括谷实类、糠麸类、块根、块茎和瓜类，以及油脂、糖蜜等，是土鸡饲料的主要成分，用量占日粮的 60％～80％。

蛋白质饲料是指干物质中粗纤维含量低于 18％，同时粗蛋白质含量在 20％以上的饲料。根据来源不同，分为动物性蛋白质饲料和植物性蛋白质饲料两类。

青饲料是指天然水分含量在 60％以上的青绿饲料、树叶类以及非淀粉质的块根、块茎、瓜果类等。

矿物质饲料包括工业合成的矿物质饲料、天然单一的矿物质饲料、多种混合的矿物质饲料以及配合有载体的微量元素、常量元素矿物质的饲料。矿物质饲料一般所含营养素比较单一。鸡的生理需要矿物质元素种类虽多，但在正常饲养条件下，需要大量补充的种类并不多，常量元素中主要有钙、磷、钠、氯等；微量元素有铁、铜、锌、锰、碘、硒、钴等。

维生素饲料可分为两类：一类是商品维生素添加剂；另一类是各种青绿饲料以及加工的产品，如青贮料、干草粉、树叶粉等。青绿多汁饲料，适口性好，胡萝卜素和某些 B 族维生素含量丰富，并含有一些微量元素，大小鸡都爱吃，能促进鸡的食欲。农家小规模饲养土鸡可有效地利用林地、果园等野外青草及当地常用的青绿饲料，包括各种蔬菜叶、苜蓿、树叶及瓜果。较大规模养鸡的情况下，使用青绿饲料较为困难。在配合饲料中为了平衡、全面地供应鸡的营养，方便饲料加工，维生素的供应已渐为医药化工原料生产的维生素添加剂所代替。

饲料添加剂是为满足特殊需要而加入饲料中的少量或微量营养性或非营养性物质的统称，包括营养性添加剂（微量元素、维生素、氨基酸及其类似物质等）和非营养性添加剂（抗生素、生长促进剂、驱虫保健剂、酶制剂、诱食剂、饲料品质改善剂等）。

5. 土鸡常用能量饲料有哪些?

（1）谷实类

谷实类饲料的特点是：淀粉含量高，粗纤维含量少，故可利用能量高。这类饲料蛋白质和必需氨基酸含量不足，粗蛋白质含量一般为 8%～14%，特别是赖氨酸、蛋氨酸和色氨酸含量少。钙的含量一般低于 0.1%，而总磷含量较多，但以有效磷计算则含量不足，且缺乏维生素 A 和维生素 D。

①玉米。玉米是养鸡业最主要的饲料之一，含代谢能高达 14.10 兆焦/千克，粗蛋白质含量 8.0%～8.7%，粗脂肪含量 3.3%～3.6%，无氮浸出物含量 70.7%～71.2%，粗纤维含量 1.6%～2.0%。适口性好，易消化。黄玉米富含叶黄素和胡萝卜素，是蛋黄和皮肤、爪、喙黄色素的良好来源。玉米油中含亚油酸丰富。玉米的缺点是蛋白质含量低，且品质较差，色氨酸和赖氨酸含量严重不足，钙、磷和 B 族维生素（维生素 B_1 除外）含量亦少。在土鸡日粮中，玉米可占 50%～70%。

②小麦。小麦含能量约为 12.89 兆焦/千克，粗蛋白质含量高，一般为 12%～15%，且氨基酸比例比其他谷类饲料完善，B 族维生素含量也较丰富。适口性好，易消化，可以作为鸡的主要能量饲料，一般可占日粮的 10%～30%。但因小麦中不含类胡萝卜素和叶黄素，会影响鸡的皮肤颜色，当日粮含小麦 50% 以上时，鸡易患脂肪肝综合征，必须考虑添加生物素。小麦的 β-葡聚糖和戊聚糖比玉米高，在饲料中添加相应的酶制剂有利于鸡的增重及提高饲料转化率。

③高粱。高粱中的碳水化合物和蛋白质含量与玉米相近，总营养价值约为玉米的 90%，含代谢能约 12.3 兆焦/千克，粗蛋白质含量 9.0%。其饲用价值明显受其单宁含量的影响，因为单宁可降低日粮氨基酸和能量的消化率。深红色的品种，其皮中含单宁较多，口味涩，鸡不爱吃，喂量应低于 10%；低单宁的白或黄高粱一般可占日粮的 15%～20%。使用高单宁含量高粱时，应注意添加维生素 A、蛋氨酸、赖氨酸和胆碱等，还应注意必需脂肪酸的补充。

④大麦。大麦碳水化合物含量稍低于玉米，含代谢能约为 11.3 兆焦/千克，蛋白质含量约 12%，品质也较好，赖氨酸含量高（约 0.44%），烟酸含量丰富，适口性稍差于玉米和小麦，而较高粱好。但如粉碎过细并用量太多时，因其黏滞，鸡不爱吃。大麦粗纤维含量较多，日粮中的用量以 10%～20% 为宜。大麦的 β-葡聚糖和戊聚糖含量较高，在饲料中添加相应的酶制剂可改善鸡的增重和饲料转化率。雏鸡日粮中大麦用量超过 30%，可引起雏鸡生长减慢。

⑤糙大米、碎大米。糙大米是稻谷脱去谷壳后的籽粒，含代谢能约为 13.9 兆焦/千克，粗蛋白质含量约 8.8%，必需氨基酸含量与玉米相近，但色氨酸含量比玉米高。碎大米是糙大米脱去米糠制作食用大米时的破碎粒，其代谢能含量与玉米相近，其他营养素含量与糙大米相仿或稍高。糙大米、碎大米淀粉含量高，纤维素含量低，易于消化，是水稻产区的主要能量饲料。碎大米、糙米用量可占日粮的 20%～40%。

⑥稻谷。稻谷含 20% 谷壳，粗纤维高达 8.5% 以上，故代谢能仅为 10.45～10.9 兆焦/千克，粗蛋白质含量约 7.8%。因含粗纤维多，雏鸡日粮一般不用稻谷。土鸡中后期放养时，可在配合饲料中掺入 20%～30% 的稻谷。

（2）糠麸类

糠麸类饲料的营养特点是：含无氮浸出物较少；粗纤维含量较多；含磷量高，但主要是植酸磷（约 70%），鸡对此利用率很低；B 族维生素含量丰富。

①麸皮。麸皮是小麦生产面粉过程的副产品，由小麦的种皮、糊粉层、少量的胚和胚乳组成。后者含量多少因加工的要求而定，也是决定麸皮营养价值的关键。一般麸皮含粗纤维较高（8%～12%），因而其能量较低，代谢能约 7.5 兆焦/千克，粗蛋白质含量 14.7%，B 族维生素含量很高。麸皮因质轻、单位重量容积大，又有轻泻性，故在饲料中配合量以 10% 以下为好。

②次粉。次粉（次等面粉）也是面粉加工过程副产品，其代谢能 10.45～12.1 兆焦/千克，粗蛋白质含量 13%～14%。次粉有黏合作用，全价配合料中含 10%～20% 次粉，有利于制粒。

③米糠。稻谷去壳后的糙米加工成精米过程所得的米糠叫细糠。细糠的主要成分是种皮，含脂肪多，质轻味甜，富含 B 族维生素，代谢能约 11.2 兆焦/千克，粗蛋白质含量 12.8%。用量一般不超过 10%。细糠加部分谷壳粉称为统糠，其营养水平随两者比例而异。

（3）块根、块茎类

此类饲料水分含量很高（70%～90%），干物质含量少，制成干品后，可做鸡的能量饲料。这类饲料富含淀粉，缺乏其他营养物质，其代谢能 9.78～12.3 兆焦/千克，粗蛋白质含量 2.5%～4.0%。在缺玉米而此类饲料又比较便宜的地区可以代替10％～20％谷物。但在土鸡中后期放养时可以就地取材直接使用此类饲料。马铃薯、甜菜、南瓜、甘薯等含碳水化合物多，适口性强，产量高，易贮藏。甘薯、马铃薯煮熟以后饲喂可提高适口性和消化率。发芽或贮藏变绿后的马铃薯含有毒物质，应切除后饲喂，清洗或煮沸这种马铃薯的水要倒掉，以免中毒。木薯、芋头的淀粉含量较高，多习惯蒸煮后拌于其他饲料中喂给，也可制成干粉或打浆后与糠麸混拌晒干贮存；木薯须除皮浸水去毒（氢氰酸）后饲喂；南瓜含维生素A和维生素B_2较多，鸡爱吃，可促进羽毛生长和加速增重，一般煮熟喂给，用量占日粮的10％左右。生喂时可把南瓜切开，让鸡自由啄食。

（4）油脂和糟渣类

动植物油脂是含能量最高的能量饲料。动物油脂含代谢能为32.2兆焦/千克，植物油脂含代谢能为36.8兆焦/千克，适合于配合高能日粮。在饲料中添加动植物油脂可提高生产性能和饲料利用率。脂肪具有额外热能效应，添加高水平脂肪时，日粮氮校正代谢能值高于各种原料的加合值。饲喂高水平脂肪日粮时，饲料在肠道的停留时间明显增加，有利于饲料的消化和吸收。动植物两种脂肪混合使用，日粮氮校正代谢能值比两者的加合值高。饱和脂肪酸与不饱和脂肪酸在吸收上具有协同作用，在饲料中添加牛脂，混入少量植物油或饲料原料中含有不饱和脂肪酸，是十分有益的，亦可提高牛脂的利用率。添加油脂还可改善日粮品质和生产性能，提高适口性和脂溶性维生素的利用，减少饲料的粉尘飞扬。土鸡后期育肥的日粮中一般可添加1％～2％油脂。脂肪易氧化酸败，从而降低适口性，且易引起机体消化代谢的紊乱。酸败油脂不可饲用。当脂肪和油脂需要保存一段时间，或饲料混合后不立即使用时，应在配合饲料中添加抗氧化剂。

糖蜜、酒糟渣、糖渣、豆腐渣、玉米淀粉渣经风干和适当加工也可作鸡的饲料。糖蜜通常是制糖工业的副产品，含能量较高，粗蛋白质含量3％～6％，在日粮中用量以5％以下为宜，添加过多时可产生轻泻作用。酒渣含粗蛋白质和B族维生素较多，还含有未知生长因子，但纤维含量较多，不可多用。豆腐渣和玉米淀粉渣中含有较多的能量和蛋白质，加入鸡饲料中，不仅可以代替部分能量和蛋白质饲料，而且还可以促进鸡的生长和健康，喂量可占日粮的5％～10％。

6. 土鸡常用蛋白质饲料有哪些？

（1）植物性蛋白质饲料

植物性蛋白质饲料包括饼粕类、豆科籽实及一些加工副产品。

①豆饼和豆粕。大豆经压榨法榨油后的产品通称豆饼，用溶剂提油后的产品通称豆粕，它们是饼粕类饲料中最富有营养的一种饲料。蛋白质含量42%～46%，代谢能10.5兆焦/千克。豆粕蛋白质含量高于豆饼，但能量则较低。大豆饼（粕）含赖氨酸高，味道芳香，适口性好，营养价值高，一般用量占日粮的10%～30%。大豆饼（粕）的氨基酸组成接近动物性蛋白质饲料，但蛋氨酸、胱氨酸含量相对不足，故以玉米-豆饼（粕）为基础的日粮，通常需要添加蛋氨酸。加热处理不足的大豆饼含有抗胰蛋白酶因子、尿素酶、血球凝集素、皂素等多种抗营养因子或有毒因子，鸡食入后蛋白质利用率降低，生长减慢。经110℃ 3分钟热处理或100℃ 30分钟热处理的大豆或豆饼基本可破坏这些有害因子。豆饼加热过度（呈棕色），使大豆蛋白质产生凝结反应，促进碳水化合物、蛋白质相互作用，形成不易被消化的酰胺键产物，导致蛋白质消化率下降，降低其蛋白质的营养价值，特别是赖氨酸的损失。

②花生饼（粕）。花生饼（粕）营养价值仅次于豆饼，适口性优于豆饼，含蛋白质高达44%～47%，含代谢能为10.8～11.6兆焦/千克。花生饼（粕）含精氨酸、组氨酸较多，其他必需氨基酸含量少于豆饼。花生饼（粕）易发霉而产生黄曲霉毒素，因此，贮藏时切忌发霉。一般用量可占日粮的10%～20%。

③菜籽饼（粕）。菜籽饼（粕）蛋白质含量34%～38%，代谢能7.39～8.15兆焦/千克，粗纤维含量约11%，含有一定量芥子苷（含硫苷）毒素，具辛辣味，适口性较差。雏鸡全价配合料一般不用菜籽饼（粕），生长鸡用量5%～8%。菜籽饼（粕）用量过多，鸡会由于甲状腺肿大而影响生长。

④棉仁饼（粕）。棉仁饼（粕）蛋白质含量可达32%～42%，代谢能7.31～9.03兆焦/千克。微量元素含量丰富、全面，粗纤维含量较高，约10%，高者达18%。棉仁饼（粕）含游离棉酚，棉酚含量取决于棉籽的品种和加工方法。一般来说，采用预压浸提法生产的棉仁饼粕棉酚含量较低，赖氨酸的消化率较高。幼鸡对棉酚的耐受力较成年鸡差。棉酚中毒有蓄积性，棉酚可使鸡蛋呈橄榄色、鸡蛋蛋白变成粉红色。棉酚可与消化道和鸡体内的铁形成复合物，导致缺铁。棉仁饼（粕）一般用量不超过日粮的5%。

⑤其他饼（粕）类。芝麻饼、向日葵仁饼和亚麻仁饼（粕）等粗蛋白质含量30%以上，蛋氨酸含量较高，但粗纤维含量较高。去壳向日葵仁饼（粕）可以代替豆饼喂鸡，只是喂量不宜过大。亚麻仁饼喂量过多，会使鸡体不饱和脂肪酸含量上升，体脂变软。用温水浸泡亚麻仁饼可产生氢氰酸而使鸡中毒，应加注意。

⑥豆类籽实。豆类籽实包括大豆、黑豆、蚕豆，含蛋白质较高（25%～

40%）。生豆类含抗胰蛋白酶因子等有害物质，应经适当的热处理（110℃3分钟）后使用。目前，国内外已广泛应用全脂大豆粉或膨化大豆粉做鸡的饲料，尤其是肉鸡饲料，因大豆粉中不但蛋白质含量高达38%，而且含油脂多，能量高，可代替豆饼。

⑦玉米蛋白粉和其他蛋白质饲料。玉米蛋白粉一般含蛋白质40%～50%，高者可达60%。但由于必需氨基酸含量甚少，故蛋白质品质差，饲喂时应考虑氨基酸水平，与其他蛋白质饲料配合使用。玉米蛋白粉经微生物发酵制成单细胞蛋白（酵母）饲料，饲用价值提高。一些糟渣类饲料含蛋白质较丰富，蛋白质含量在20%（以干物质计算）以上，可作蛋白质饲料使用。有些酿造厂家将啤酒糟、酒糟等副产品经分离、再加工后制成蛋白质饲料，其饲用价值大大提高，可部分代替豆饼。

⑧干全酒糟（DDGS）。酵母发酵某种谷物或谷物混合物并蒸馏提取酒精后，将剩余的发酵残留物中的固形物浓缩、干燥后所得的产品，即为干全酒糟。通常应在该名称前标出最主要的谷物名称，如玉米干全酒糟。市场上的玉米酒糟蛋白饲料产品有两种：一种为DDG，是将玉米酒糟作简单过滤，只对滤渣单独干燥而获得的饲料；另一种为DDGS，是将滤清液干燥浓缩后再与滤渣混合干燥而获得的饲料。后者的能量和营养物质总量均明显高于前者。DDGS的蛋白质含量在26%以上，已成为国内外饲料生产企业广泛应用的一种蛋白饲料原料。

使用DDGS时一定要掌握其确切的营养成分组成。另外，在动物健康方面应注意如下问题：DDGS水分含量高，霉菌容易生长，因此霉菌毒素含量很高，可能会引起鸡的霉菌毒素中毒，导致免疫力低下、易发病、生产性能下降。DDGS中不饱和脂肪酸的比例高，容易发生氧化。DDGS中的纤维含量高，需要使用酶制剂提高利用率。DDGS是必需脂肪酸、亚油酸的优秀来源，但缺乏赖氨酸，在鸡配合日粮的使用量为2.5%～10%。

（2）动物性蛋白质饲料

动物性蛋白质饲料包括鱼粉、肉骨粉、蚕蛹粉、蚯蚓粉、虾糠、血粉、羽毛粉及饲料酵母等。其特点是蛋白质和必需氨基酸含量高，矿物质含量多，钙、磷含量很高，B族维生素含量丰富，特别是维生素B_1和维生素B_{12}。土鸡中后期日粮中尽量不含此类饲料，以免影响鸡肉风味。

①鱼粉。鱼粉是养鸡最佳的蛋白质饲料，营养价值高，必需氨基酸含量全面，特别富含植物性蛋白质饲料缺乏的蛋氨酸、赖氨酸、色氨酸，并含有大量B族维生素和丰富的钙、磷、锰、铁、锌、碘等矿物质，还含有硒和促生长的未知因子，是其他任何饲料所不及的。一般进口鱼粉含粗蛋白质60%～65%，

多为棕黄色；国产优质鱼粉含粗蛋白质可达 45%～60%，呈灰褐色，含盐量高。鱼粉含粗脂肪约 10%。由于鱼粉资源匮乏、价格贵，土鸡前期日粮中一般用量在 2%～3%，可用于调节日粮氨基酸的平衡。选用鱼粉要注意质量，以免引起鸡的食盐中毒。鱼粉用量过多，会使鸡肉和鸡蛋出现不良气味；加工不当或贮存中发生过自燃的鱼粉中含有较多的"肌胃糜烂因子"，此类鱼粉在日粮中添加量过多，可使鸡发生肌胃糜烂症。

②肉骨粉。肉骨粉是无发生疾病和不含禁用物质的动物，分割可食用鲜肉过程中余下的部分为原料，经高温蒸煮、灭菌、脱脂、干燥、粉碎获得的产品。营养价值取决于所用的原料，饲用价值比鱼粉稍差，含蛋白质 50% 左右，含脂肪较高，最好与植物蛋白质饲料混合使用。雏鸡日粮用量不要超过 5%。肉骨粉容易变质腐败，喂前应注意检查。

③蚕蛹粉、蚯蚓粉。全脂蚕蛹粉含粗蛋白质约 54%，粗脂肪约 22%；脱脂蚕蛹粉含粗蛋白质约 64%，粗脂肪约 4%。其维生素 B_2 含量较多。蚯蚓粉含蛋白质可达 50%～60%，必需氨基酸组成全面，脂肪和矿物质含量较高。加工优良的蚯蚓粉饲喂效果与鱼粉相似。

④毛粉、血粉。水解羽毛粉含蛋白质大约 80%，含有较多的含硫氨基酸，但赖氨酸、色氨酸和组氨酸含量低，这是造成羽毛粉蛋白质生物学价值低的主要原因。羽毛粉的加工大多是经高压蒸煮后烘干粉碎而成，如制作方法适宜，蛋白质消化率可达 75% 以上。羽毛粉仅作蛋白质补充饲料，使用量一般限制在 2.5% 左右。水解血粉是动物鲜血经蒸煮、压榨、干燥，或浓缩喷雾干燥，或用发酵法制成，呈黑褐色，其粗蛋白质含量达 80% 以上。但其蛋白质可消化性较其他动物性蛋白质差，适口性不好。血粉氨基酸的含量很不平衡，含赖氨酸非常多，但异亮氨酸、蛋氨酸缺乏，钙、磷含量很少，铁含量很高，每千克血粉可含铁 1000 毫克。

7. 土鸡常用青饲料和草粉有哪些？

青饲料是指天然水分含量在 60% 以上的青绿饲料、树叶类以及非淀粉质的块根、块茎、瓜果类。青绿饲料包括天然牧草和人工牧草。鸡能消化利用的青饲料仅限于质地细嫩的青菜、苜蓿和某些树叶。青饲料水分含量高，陆生作物水分含量 75%～90%，水生作物水分含量 95% 左右；豆科青饲料蛋白质含量 3.2%～4.4%，按干物质计算蛋白质含量可高达 18%～24%；禾本科牧草、蔬菜类饲料蛋白质含量 1.5%～3%，按干物质计算蛋白质含量可高达 13%～15%。青绿饲料蛋白质消化率高，蛋白质质量好；钙与磷比例适宜，胡萝卜和 B 族维生素含量丰富。土鸡中后期放养时，经常可以采食到放养场中的青绿饲料。

无论是放养，还是采集野生青绿饲料或是人工栽培的青绿饲料养鸡，都应注意：青绿饲料要现采现喂（包括打浆），不可堆积或用剩的青草浆，以防发生亚硝酸盐中毒；放牧或采集青绿饲料时，要了解青绿饲料的特性，有毒的和刚喷过农药的果园、菜地、草地或牧草要严禁采集和放牧，以防中毒；含草酸多的青绿饲料，如菠菜、糖菜叶等不可多喂，以防引起雏鸡佝偻病或瘫痪，母鸡产薄壳蛋和软壳蛋；某些含皂素多的豆科牧草喂量不宜过多，如有些苜蓿草品种皂素含量高达 2%，过多的皂素会抑制雏鸡的生长。

在土鸡配合饲料中一般以干草粉和叶粉的形式利用青饲料。由于草粉含粗纤维较多，在饲料中使用不宜过多，一般在 5% 以下。苜蓿草粉是土鸡饲料中常用的优质草粉，其蛋白质含量大部分在 15%～20%，氨基酸组成比较平衡，矿物质中钙和有效磷含量较高，富含维生素，特别是胡萝卜素和叶黄素含量丰富，有较好的着色效果，有助于皮肤着色。松针粉中所含的多种氨基酸和微量元素，能提高产蛋量和具有一定的防病抗病的功效。在土鸡的日粮中可添加 2%～5% 的松针粉。

8. 土鸡常用矿物质饲料有哪些?

（1）常量元素矿物质饲料

①钙源饲料。包括石粉、贝壳粉和蛋壳粉。

石粉：石粉又称石灰石粉，主要成分是碳酸钙。石粉含钙高达 34%～38%，价格便宜，但有苦味。

贝壳粉：贝壳粉主要成分是碳酸钙，含钙量在 34%～38%。贝壳粉中的钙易被鸡吸收，饲料中的贝壳粉最好有一部分碎块。

蛋壳粉：蛋壳粉含钙 30%～35%，蛋白质 4%～7%，磷约 0.09%。

②磷源饲料。包括骨粉、磷酸氢钙、过磷酸钙和磷酸钙等。

骨粉：因原料来源不稳定、加工方法不同，骨粉中磷的含量差异较大。蒸骨粉中钙含量约 24%，磷约 10%，粗蛋白质约 10%；脱脂脱胶骨粉，白色粉状，无臭味，磷含量可高达 12%～15%；此外，还有未经高温高压处理的骨粉，有机质含量高，磷、钙含量低，常携带大量致病细菌，有异味。还有的收购骨头场地，为避免蝇蛆繁衍，喷洒药剂，导致骨粉带毒。因此，应慎重选用优质骨粉。

磷酸氢钙：为白色或灰白色粉末，钙含量不低于 23%，磷含量不低于 18%。市场商品磷标识量不低于 16%。磷酸氢钙的磷、钙利用率高，是优质的磷、钙补充饲料。

过磷酸钙：为白色结晶粉末，钙含量不低于 15%，磷含量不低于 22%。

磷酸钙：磷酸钙中钙含量约 32%，磷含量约 18%。

③氯化钠。植物性饲料中钠和氯含量较少，在配合饲料时可利用氯化钠补充钠、氯的不足。鸡的日粮中氯化钠用量一般为 0.37%。日粮中氯化钠含量不足时，鸡只采食量下降，易导致异食癖，或产生啄羽、啄肛现象。日粮中含氯化钠量较高时，鸡只饮水量加大，粪便变稀，舍内湿度提高。若氯化钠含量过多，饮水又不足，可出现鸡只氯化钠中毒现象。

（2）微量元素矿物质饲料

①硫酸亚铁。含 7 个结晶水的硫酸亚铁易吸湿而潮解，不易粉碎，使用时很不方便，通常先处理成含 1 个结晶水的硫酸亚铁，粉碎后备用。

补充铁元素的有机铁如柠檬酸铁、葡萄糖酸铁、甘氨酸螯合铁等，其铁元素利用率高，但价格贵。此外，还有氯化亚铁、氯化铁、硫酸铁、氧化铁、碳酸铁也可利用，生物学效价不如硫酸亚铁好。

②硫酸铜。硫酸铜通常含 5 个结晶水，为蓝色晶体，易潮解结块。使用前经烘干处理为 1 个结晶水硫酸铜，磨细成粉状，防潮保存。

有机铜如葡萄糖酸铜、蛋氨酸螯合铜，铜元素利用率高，但价格贵。此外，还有氧化铜、碳酸铜、氯化铜也可利用，生物学效价不如硫酸铜好。

③硫酸锰。硫酸锰有含 5 个结晶水和含 1 个结晶水的两种，生产上多用一水硫酸锰，其颜色为白色或淡粉红色粉末，中等潮解性，在高湿条件下贮藏也可结块。

用于补充锰元素的化合物还有氧化锰、氯化锰、碳酸锰、蛋氨酸螯合锰。其中以氧化锰纯度低，生物学效价相对较低，市场价格也低。

④硫酸锌。硫酸锌有含 7 个结晶水硫酸锌和含 1 个结晶水硫酸锌两种。前者为白色结晶，易潮解；后者为乳黄色或白色粉末，潮解性较小。生产中多用一水硫酸锌。

补充锌元素的化合物还有氧化锌、碳酸锌、葡萄糖酸锌、蛋氨酸螯合锌。几种无机锌源中锌生物学效价相同，氨基酸螯合锌、葡萄糖酸锌优于各种无机锌源。

⑤碘化钾、碘酸钙。碘化钾为白色结晶粉末，易潮解，在温度、湿度较高时易分解形成单质碘而升华逸失。因此，用碘化钾提供碘时，应根据微量元素预混物、预混料及配合饲料存放时间长短，适当增加碘的保险系数。碘酸钙较碘化钾稳定，纯碘酸钙含碘 65.1%。碘化钾或者碘酸钙在微量元素预混物中占有的比例少，为了混合均匀，常常先将碘化钾或碘酸钙稀释成一定浓度备用。

⑥亚硒酸钠。亚硒酸钠为无色结晶粉末。含硒的化合物还有硒酸钠、硒化

钠，但以亚硒酸钠的硒生物学效价最高。亚硒酸钠在微量元素预混物占有比例很少，为混合均匀，往往先加入一定量载体将亚硒酸钠稀释预混。亚硒酸钠为危险化学品，操作人员应注意安全。

9. 土鸡常用维生素饲料有哪些?

（1）脂溶性维生素饲料

①维生素 A 醋酸酯。活性成分含量常见的为 50 万国际单位/克的剂型。易吸潮，遇热、遇酸性气体、见光或吸潮后易分解，使含量下降。在正常贮存条件下，在维生素预混物中，活性成分每月损失 0.5%～1%；在有矿物质的预混料中，活性成分每月损失 2%～5%；在全价饲料中，温度在 23.9～37.8℃环境下，活性成分每月损失 5%～10%。

②维生素 D_3。活性成分含量多为 50 万国际单位/克的剂型。遇热、见光、吸潮后易分解，降低活性成分含量。在维生素预混物中，在 20～25℃避光、干燥条件下，贮存 12～24 个月，没有损失。但是在 35℃条件下，贮存 24 个月，活性成分将损失 35%。

③维生素 E。商品维生素 E 的活性成分为 50%。在维生素预混物中，贮存 24 个月，5℃条件下，活性成分仅损失 5%；在 20～25℃条件下，损失 7%；在 35℃条件下，损失 13%。

④维生素 K_3（亚硫酸氢钠甲萘醌）。含活性成分为 50% 或 63%。本品为白色或黄褐色结晶粉末。维生素 K_3 遇光易分解，潮湿、高温加速分解，活性成分含量降低。

（2）水溶性维生素饲料

①维生素 B_1。常见的维生素 B_1 有两种产品，即盐酸硫胺素和亚硝酸硫胺素，具有吸湿性，极易溶于水。活性成分含量一般为 96%。亚硝酸硫胺素较盐酸硫胺素稳定，在我国南方高温、高湿季节，或者加有氯化胆碱的复合预混料中，维生素 B_1 应选用亚硝酸硫胺素。

②维生素 B_2（核黄素）。对热和空气中氧稳定，对碱、光及紫外线极为敏感，易分解失效。在维生素预混物中稳定，在复合预混料中，经 1 年贮存期，只损失 1%～2%。但易吸潮，应保存在避光、干燥处。常用的维生素 B_2 浓度为 96% 剂型。

③泛酸（维生素 B_3）。生产上多用白色结晶粉末的 D-泛酸钙，商品 D-泛酸钙纯度多为 98%。D-泛酸钙对湿热不稳定，与酸性物质接触，易脱氨失去活性。在维生素预混物中经 24 个月贮存期，在 20～25℃条件下损失 7%，在 35℃条件下损失 70%。

④烟酸（维生素 B$_5$、尼克酸、维生素 PP）。性质稳定，耐酸、碱、光、热和氧。商品烟酸纯度为 99%。

⑤维生素 B$_6$（吡哆醇）。商品维生素 B$_6$ 是盐酸吡哆醇，纯度为 98%，其活性成分为 82.3%。对热和氧稳定，较耐酸。

⑥生物素（维生素 H）。对光和氧稳定，在弱酸弱碱溶液中较稳定，但强酸、强碱、氧化剂和热都易使其分解。商品生物素含量为 2% 和 1% 两种。

⑦叶酸。对空气和热稳定，光、酸、碱、氧化剂及还原剂对叶酸均有破坏作用。商品叶酸含量为 97%。

⑧维生素 B$_{12}$（氰钴素、钴胺素）。对热和空气较稳定，易被碱、强酸和紫外线破坏。商品维生素 B$_{12}$ 含量为 1%。

⑨氯化胆碱（维生素 B$_4$）。氯化胆碱有两种，一种是 70% 氯化胆碱水溶液；另一种是以 70% 氯化胆碱水溶液为原料加入脱脂米糠、玉米心粉或稻壳粉、麸皮、无水硅酸等制成的含 50% 氯化胆碱粉剂，饲料生产上常用后者。氯化胆碱吸湿性强，性质稳定，对其他维生素具有很强的破坏作用，因此，在维生素预混物中不应加入氯化胆碱。

⑩维生素 C（抗坏血酸）。极易氧化，在光照和高温条件下易被破坏。维生素 C 酸性很强，会影响其他维生素活性，应用时选用包被维生素 C。

10. 土鸡常用饲料添加剂有哪些？

在选择与使用各类饲料添加剂、配制预混料时必须做到所用的添加剂种类应是农业部公告第 2045 号、2134 号、2634 号《饲料添加剂品种目录》中所列的品种，或农业部公告允许在饲料产品中使用的，并按规定的使用量及使用阶段进行添加；选用的添加剂原料中有毒有害成分应符合国家饲料卫生标准的规定。

（1）矿物质微量元素添加剂

鸡必需矿物质微量元素如铁、铜、锰、锌、碘、硒等，其需要量虽低，却不可缺乏。在鸡配合饲料中应补充量为鸡微量元素需要量与基础饲料中微量元素含量的差值。这种添加物提供形式主要有 3 类产品：①无机盐类产品，如硫酸亚铁、硫酸锰、硫酸铜等；②简单有机酸盐类产品（如柠檬酸铁），③微量元素-氨基酸螯合物（如氨基酸铁）。目前最常用的微量元素添加剂是用各微量元素无机盐预混料直接添加到土鸡的配合料中。选择各种微量元素添加物时，必须考虑它们的生物利用性、稳定性、物理性质、价格和铅、汞、砷等重金属含量等。

（2）维生素添加剂

维生素是必需的微量营养成分，每一种维生素都起着其他物质所不能替代的特殊作用，所有用于土鸡配合饲料中的维生素，都是用化学和微生物学方法进行大规模工业化生产的，它们的性质和作用都同自然界存在的维生素相同。由于它们是按特殊药物制剂配方生产的，所以在应用效果方面优于天然的维生素，它们的贮存期稳定性可通过采用一些保护措施加以提高。土鸡配合饲料中的维生素添加剂可以直接购买鸡用复合多维添加，或用单一维生素先配成维生素预混料后添加到全价配合料中。

（3）氨基酸添加剂

天然饲料中的氨基酸含量几乎都不平衡，虽然尽量根据氨基酸平衡的原则配料，一般来讲不同饲料搭配，也只能改善日粮中氨基酸之间比例，不可能使其达到理想的平衡。工业合成氨基酸产品的应用对降低配合饲料成本，提高配合饲料质量具有重要作用。工业上生产的氨基酸有蛋氨酸、赖氨酸、色氨酸、苏氨酸、精氨酸等，但目前只有蛋氨酸、赖氨酸、苏氨酸在配合饲料中广泛应用。

（4）促生长与保健添加剂

促生长与保健添加剂是指用于刺激动物生长、提高增重速率、改善饲料利用率、驱虫保健、增进动物健康的一类非营养性添加剂。它包括饲用抗生素类如杆菌肽锌、维吉尼亚霉素等；驱虫药物如莫能霉素、盐霉素、马杜拉霉素、氨丙啉、氯苯胍等。在土鸡配合饲料中添加的促生长与保健添加剂的种类、剂量与停药期应符合农业部《药物饲料添加剂品种目录及使用规范（2017）》及其他相关的法律、法规，严格限制化学药品和影响肉质风味物质的使用。

（5）酶制剂

酶是一类具有生物催化活性的蛋白质，也可以说是一种生物催化剂。一切生物的新陈代谢都是在酶的作用下进行的。目前已知，参与生物代谢的酶已达数千种，作为饲料添加剂的主要是助消化的水解酶，品种 20～30 种。其中，应用量最大的有非淀粉多糖酶（包括纤维素酶、β-葡聚糖酶、木聚糖酶、甘露聚糖酶、半乳糖苷酶和果胶酶）、植酸酶、淀粉酶、蛋白酶和脂肪酶等 5 类。酶制剂是通过富产酶的特定微生物如米曲霉、黑曲霉、枯草杆菌和酵母杆菌等发酵，经提取、浓缩等工艺加工而成的包含单一酶或混合酶的工业产品，是具有高度催化活性的物质。在鸡饲料中添加的酶主要是消化性酶类，可提高营养物质的消化率。酶制剂的应用要针对饲料组成和畜禽种类来选用。一般酶制剂易吸湿，且不耐热，不宜存放太久。

（6）微生态制剂

微生态制剂是指运用微生态学原理，利用对宿主有益无害的益生菌或益生菌的促生长物质，经特殊工艺制成的制剂。它能促进畜禽生长发育、提高饲料利用率、降低幼畜幼禽死亡率、防止消化道疾病、提高机体免疫力。目前微生态制剂在饲料工业中广泛应用的有乳酸菌类（嗜乳酸杆菌、双歧杆菌、粪链球菌等）、酵母菌类（酿酒酵母和石油酵母等）、芽孢杆菌类（枯草芽孢杆菌、地衣芽孢杆菌和凝结芽孢杆菌等）。

（7）抗氧化剂

抗氧化剂可以防止饲料有机物质，特别是不饱和脂肪酸的氧化和酸败，防止饲料中含有的维生素高活性物质氧化及相对生物学效价降低。目前常用的抗氧化剂有乙氧基喹啉、二丁基羟基甲苯、丁基羟基茴香醚等，一般在土鸡配合饲料中添加 0.01%～0.05%。

（8）防霉、防腐剂

饲料中含有许多微生物，同时又含有丰富的营养素，在高温高湿条件下，容易因微生物的繁殖而发生霉变和腐败。霉变的饲料不仅影响适口性，降低采食量和营养价值，而且霉菌分泌的毒素会引起鸡（尤其是雏鸡）中毒死亡。因此，在多雨季节或南方地区，需在饲料中添加防霉、防腐剂。常用的饲料防霉、防腐剂有丙酸钠和丙酸钙，添加量分别为 0.1% 和 0.2%。我国批准进口的露保细盐、克霉、霉敌、万保香、易而劲等防霉剂，也都是丙酸吸附在各种载体上而制成的。

（9）着色剂

为改善肉鸡产品外观，提高肉鸡产品的商品价值，常在配合饲料中添加着色剂，以增加肉鸡皮肤和蛋黄的颜色深度。常用的饲料着色剂多为天然色素，其中最主要的是类胡萝卜素和叶黄素类。家禽饲料天然色素的主要来源于玉米、苜蓿和草粉等。其中所含的类胡萝卜素主要为黄橙色的叶黄素和玉米黄质，二者统称为胡萝卜素或叶黄素。饲料中的类胡萝卜素含量因品种、产地及收获期不同而有差异，人工合成色素如斑蝥黄、虾青素也具有与天然色素相同的功效。

（10）中草药饲料添加剂

中草药作为饲料添加剂，由于其毒副作用小，不易在产品中残留，且具有多种营养成分和生物活性物质，兼具有营养和防治疾病的双重作用，受到广泛重视。中草药饲料添加剂具有天然、多能、营养等特点，可起到增强免疫作用、激素样作用、维生素样作用、抗应激作用、抗微生物作用等。在饲养土鸡过程中使用中草药饲料添加剂，既能防病治病，又能保证土鸡的品质和风味。

目前中草药添加剂种类已有 100 多个品种。根据动物生产特点、饲料工业体系和中草药性能情况，可将其分为如下类型：

①免疫增强剂。以提高和促进机体非特异性免疫功能为主，增强抗病力。

如刺五加、商陆、菜豆、甜瓜蒂、水牛角、羊角等。

②激素样作用剂。能对机体产生激素样调节作用。如何首乌、穿山龙、肉桂、石蒜、秦艽、甘草等。

③抗应激剂。可缓和防治动物应激综合征。如刺五加、人参、延胡索、黄芪、柴胡等。

④抗微生物剂。能够杀灭或抑制病原微生物，增进动物健康。如金银花、连翘、蒲公英、大蒜、败酱草等。

⑤驱虫剂。可增强机体抗寄生虫侵害和驱除体内寄生虫能力。如使君子、南瓜子、石榴皮、青蒿等。

⑥增食增质剂。可改善饲料适口性，增强动物食欲，提高饲料消化率和利用率及产品质量。如茅香、鼠见草、甜叶菊、五味子、马齿苋、松针、绿绒蒿等。

⑦催肥增重剂。具有促进育肥和增重作用。如山楂、钩吻、石菖蒲等。

⑧促生殖增蛋剂。能促进动物卵子生成和排出，提高繁殖率和产蛋率。如淫羊藿、水牛角、石斛、羊洪膻、沙苑蒺藜等。

⑨饲料保藏剂。能使饲料在保存期内不降低质量和不变质腐败，并可延长贮存时间。如防腐的有土槿皮、白鲜皮、花椒等；抗氧化的有红辣椒、儿茶、棕榈等。

另外，在组配上有单方（一种中草药）和复方（多种中草药组合）；在剂型上有散剂（粉状）、颗粒剂和液体剂等。

11. 鸡配合饲料中添加剂的使用有哪些规范要求？

农业部公告第 2625 号（2017）《饲料添加剂安全使用规范》中规定了鸡配合饲料中氨基酸、维生素、微量元素等主要添加剂安全使用规范。鸡配合饲料中最高限量：DL-蛋氨酸 0.9%，蛋氨酸羟基类似物钙盐 0.9%；维生素 A 14日龄以前的蛋鸡和肉鸡 20000 国际单位/千克，14 日龄以后的蛋鸡和肉鸡10000 国际单位/千克；维生素 D_3 5000 国际单位/千克；L-肉碱盐酸盐 200 毫克/千克；铁 750 毫克/千克，铜 25 毫克/千克，锌 120 毫克/千克，锰 150 毫克/千克，碘 5 毫克/千克（蛋鸡）、10 毫克/千克（肉鸡），硒 0.5 毫克/千克，钴 2 毫克/千克，氯化钠 1%，硫酸钠 0.5%，镁 0.3%。

12. 土鸡配合饲料配方设计的原则有哪些？

（1）科学性

土鸡的饲料配方设计必须根据土鸡的营养需要和科学的营养指标，结合鸡群的生产水平、生产实践经验、饲养方式以及消费者对土鸡饲养期的要求，对饲养标准某些营养指标做适当的调整（10％以内）。但因鸡具有依能而食的特性，当日粮能量浓度发生变化时，鸡能够调节采食量而最终使采食的有效能（代谢能）的总量不变，因此能量和蛋白质等其他营养素比例应符合饲养标准需要。在设计饲料配方时，可根据原料来源和生产要求，确定一个经济的能量水平，按饲养标准中的比例关系来调节蛋白质、氨基酸和其他营养物质的含量。在确定适宜的能量水平时，要以饲养标准为依据，不可与标准差别太大。因为当能量水平过低时会影响土鸡日增重，降低饲料报酬。

（2）经济效益、社会效益和生态效益兼顾

饲料配方设计应兼顾经济效益、社会效益和生态效益，在质量和成本上要作出恰当的动态平衡。应该充分、高效、合理地配置和利用资源，例如我国鱼粉、豆粕等优质蛋白质资源较缺乏，而棉籽饼粕、菜籽饼粕、动物废弃物类资源利用很不够，如能合理使用，降低成本的潜力很大。饲料及添加剂的使用应考虑对环境污染的远期效应，以及对土鸡屠体品质的影响等因素。

（3）饲料多样化

多种饲料搭配使用，可发挥各种营养成分的互补作用，提高营养物质的利用率。配合饲料中能量饲料占的比例大，可选用2～3种，但这些饲料往往蛋白质含量少，氨基酸不平衡，缺蛋氨酸和赖氨酸，且钙、磷等矿物质不足。蛋白质饲料种类多、来源广，如果条件允许，可选用2～3种蛋白质饲料，包括动物性和植物性蛋白质饲料，通过日粮搭配以及氨基酸、矿物质、维生素和食盐等添加剂的补充，最终能够满足土鸡对全部营养需要。

（4）安全性

制作饲料的原料，包括饲料添加剂在内，必须注意安全，保证质量，其品质、等级必须经过检测。因发霉、酸败、污染以及毒素含量过高而导致饲喂价值丧失的原料，以及其他不合规定的原料不能使用。对某些含有毒有害物质或抗营养因子的饲料，如棉籽饼和菜籽饼等应脱毒后使用，或对喂量进行限制，使配合日粮中的有毒有害物质不超过国家饲料卫生标准。

（5）合理使用饲料添加剂

①不同的饲料添加剂作用不同，在添加前一定要明确目的，根据土鸡生产的实际需要，正确使用添加剂，不能滥用。

②添加剂用量必须适当。一定要按需要量准确地计算与称重，以达到添加的目的和获得最佳饲养效果。

③添加剂的选择要注意产品对路。维生素的出厂期越近越好，距出厂期以不超过3个月为宜。了解产品的产地、成分和出厂日期。微量元素类应特别注

意了解有无当地饲料最缺的那种元素，氨基酸应了解产地、含量和有效值等。

④添加剂用量很少，有的 100 千克饲料中只加几克，有的只添加饲料的百万分之几，因此一定要搅拌均匀，绝不允许一次性放入日粮中混合，否则有的鸡可能采食过量而引起中毒，有的鸡却根本没有采食到，达不到添加的目的。为了确保搅拌均匀，应先加入少量饲料（载体），分级预混，逐级扩大，即每次扩大 20～30 倍，经两三次预混后，再混入日粮里反复搅拌均匀。在日粮里加入少量预防或治疗性药物时也应按这种方法。

⑤使用维生素添加剂时，首先要考虑其稳定性和生物效价。脂溶性维生素易氧化，稳定性差，在配合饲料时常因接触空气而加快氧化。因此，一次不宜购买太多，避免因长期贮存而降低生物效价。

⑥严格控制使用抗生素（抗菌药物）添加剂。药物饲料添加剂使用应符合《药物饲料添加剂品种目录及使用规范（2017）》。

⑦应注意各种饲料添加剂的相互协同作用与颉颃关系，还应注意限用、禁用、用法、用量、配伍禁忌等规定。

（6）保持相对稳定

如确需改变时，应逐渐更换，最好有 1 周的过渡期，以免发生应激反应，影响食欲，降低生产性能。

13. 土鸡饲料配方设计的依据是什么？

土鸡全价配合饲料配方设计的依据主要是国家公布的饲养标准、家禽育种公司的营养推荐标准和专家推荐的饲养标准或营养参数。土鸡在全舍内饲养条件下日粮配合的营养标准见表 3-1、表 3-2、表 3-3。由于土鸡的种类繁多，饲养期和生产性能差异较大，且各地的气候条件、饲养方法、放养场的环境状况、当地饲料资源也不同，所以很难制定统一的饲养标准。各养殖户可以根据自己所养的土鸡的品种特性、饲养期长短等因素，前期在舍内饲养时用上述饲养标准的配合饲料饲喂土鸡，在中后期放养时，用 20%～40% 当地廉价的青绿饲料、谷物饲料或虫、蚯蚓、蚂蚁喂鸡，代替部分配合饲料，达到既能开发当地饲料资源，节约饲养成本，又能使鸡达到一定的饲养日龄，保持土鸡的风味，取得较好的饲养效率。

表 3-1　中国地方品种肉用黄鸡的代谢能、粗蛋白质需要量

周龄	0～5	6～11	12 以上
代谢能（兆焦/千克）	11.72	12.13	12.55
粗蛋白质（%）	20	18	16
蛋能比（克/兆焦）	17	15	13

注：其他营养指标参照生长期蛋用鸡和肉用仔鸡饲养标准折算。

表 3-2　台湾省畜牧学会（1993）建议的土鸡营养需要量

营养成分	周　龄		
	0～4	5～10	10～14
粗蛋白质（%）	20	18	16
代谢能（兆焦/千克）	12.55	12.55	12.55
赖氨酸（%）	1.0	0.9	0.85
蛋氨酸＋胱氨酸（%）	0.84	0.74	0.68
色氨酸（%）	0.2	0.18	0.16
钙（%）	1.0	0.8	0.8
有效磷（%）	0.45	0.35	0.30

表 3-3　优质肉鸡营养参数建议标准

类型	快速型			中速型			慢速型		
周龄	0～3	4～7	8 以上	0～4	5～9	10 以上	0～5	6～11	12 以上
营　养　参　数									
代谢能(兆焦/千克)	12.77	12.99	13.06	12.14	12.43	12.85	11.93	12.35	12.77
粗蛋白质(%)	22.0	20.5	18.0	21.0	18.5	16.8	20.0	17.0	15.0
蛋能比(克/兆焦)	17.22	15.79	13.88	17.29	14.83	13.16	17.70	14.59	12.92
蛋氨酸＋胱氨酸(%)	0.88	0.82	0.68	0.85	0.74	0.66	0.82	0.70	0.64
赖氨酸(%)	1.04	0.98	0.76	1.02	0.90	0.75	0.98	0.84	0.73
色氨酸(%)	0.20	0.19	0.17	0.18	0.17	0.15	0.17	0.16	0.14
精氨酸(%)	1.15	1.02	0.96	1.04	0.90	0.79	1.00	0.84	0.71
苏氨酸(%)	0.78	0.74	0.63	0.70	0.67	0.59	0.68	0.65	0.57
钙(%)	0.95	0.90	0.80	0.92	0.88	0.80	0.90	0.85	0.80
有效磷(%)	0.47	0.44	0.40	0.46	0.44	0.42	0.46	0.42	0.40
铁(毫克/千克)	80	80	80	80	80	80	80	80	80

类型	快速型			中速型			慢速型		
周龄	0～3	4～7	8 以上	0～4	5～9	10 以上	0～5	6～11	12 以上
营 养 参 数									
铜(毫克/千克)	10	10	8	10	10	8	10	10	8
锰(毫克/千克)	80	80	60	80	80	60	80	80	60
锌(毫克/千克)	68	68	40	68	68	40	68	68	40
碘(毫克/千克)	0.45	0.45	0.35	0.45	0.45	0.35	0.45	0.45	0.35
硒(毫克/千克)	0.35	0.35	0.15	0.35	0.35	0.15	0.35	0.35	0.15
维生素 A(国际单位/千克)	9000	9000	7500	9000	9000	7500	9000	9000	7500
维生素 D_3(国际单位/千克)	3300	3300	2500	3300	3300	2500	3300	3300	2500
维生素 E(国际单位/千克)	30	30	30	30	30	30	30	30	30
维生素 K_3(毫克/千克)	2.2	2.0	1.6	2.2	2.0	1.6	2.2	2.0	1.6
维生素 B_1(毫克/千克)	2.2	2.2	2.0	2.2	2.2	2.0	2.2	2.2	2.0
维生素 B_2(毫克/千克)	8.0	8.0	6.0	8.0	8.0	6.0	8.0	8.0	6.0
泛酸钙(毫克/千克)	12.0	12.0	9.0	12.0	12.0	9.0	12.0	12.0	9.0
烟酸(毫克/千克)	60.0	60.0	50.0	60.0	60.0	50.0	60.0	60.0	50.0
维生素 B_6(毫克/千克)	4.4	4.4	3.4	4.4	4.4	3.4	4.4	4.4	3.4
叶酸(毫克/千克)	1.0	1.0	0.75	1.0	1.0	0.75	1.0	1.0	0.75
维生素 B_{12}(毫克/千克)	0.022	0.022	0.015	0.022	0.022	0.015	0.022	0.022	0.015
生物素(毫克/千克)	0.2	0.2	0.15	0.2	0.2	0.15	0.2	0.2	0.15
胆碱(毫克/千克)	1300	1000	750	1300	1000	750	1300	1000	750

注：土鸡用慢速型营养参数建议标准。

14. 放养土鸡饲料配方设计时应注意哪些问题?

（1）适当控制营养水平

土鸡生长速度比较慢，特别采用放养方式饲养，其生长速度更慢，一般需要 130～180 天才能上市。如果按照我国黄羽肉鸡的营养水平去饲养土鸡是一种浪费，应该适当降低饲料的营养水平。在饲养阶段划分上应该根据不同的土鸡种类和不同的饲养季节作适当调整。

（2）公母分饲

放养土鸡特点是生长周期较长，公母间生长速度差异大，且公母上市后销售对象不同，因此，应该在雏鸡孵出后即鉴别公母，分群饲养。根据生长速度选择饲养标准，喂以不同的饲料。公鸡料比母鸡料的粗蛋白质水平可以高2％左右。

（3）中后期配料有别

土鸡中后期配合饲料中尽量不要用或少用蚕蛹、鱼粉、肉粉等动物性饲料，限量使用菜籽粕、棉籽粕等对肉质和肉色有不利影响的饲料，不添加化学合成的非营养性添加剂及药物。在饲料原料的选择上，应尽量选择富含叶黄素的原料，如黄玉米、苜蓿草粉、玉米蛋白粉，并加入适量的橘皮粉、松针粉、大蒜、茴香、桂皮、茶叶末及某些中药等，以改善肉色、肉质和增加鲜味。

（4）少用抗生素

土鸡配合饲料中尽量不用或少用饲料用抗生素，可用酸化剂、益生菌、功能性寡糖、饲料用酶制剂、中草药饲料代替饲料用抗生素。

（5）预防球虫病

土鸡生态放养模式，鸡球虫病较难防控，用鸡球虫疫苗免疫，以减少饲料中抗球虫药物添加使用。

15. 饲料配方的设计方法有哪些？

（1）四角法设计

四角法又称交叉法、方形法、对角线法等。在饲料种类不多及营养指标少的情况下，采用此法较为简便。

（2）计算机设计

应用计算机设计饲料配方，可以考虑多种原料和多个营养指标，且速度快，最主要的是能够设计出最低成本饲料配方。现在应用的计算机软件，多是应用线性规划，就是在所给饲料种类和满足所求配方的各项营养指标的条件下，能使设计的配方成本最低。这是手工运算所无法比拟的。但是计算机也只能是辅助设计，需要有经验的营养专家进行修订、原料限制以及最终配方的检查确定等。有时配方计算无解，需要调整。有些原料适口性差，或有毒有害物质的影响大，要进行限量。这些都需要有经验的专家来对计算机设计的最佳饲料配方进行修正调整。

利用Microsoft Excel的计算器累加功能计算饲料配方，此法使用方便，计算速度快，无需专用软件。

16. 土鸡的饲料配方实例有哪些?

土鸡不同阶段全价日粮配方见表 3-4。

表 3-4　土鸡不同阶段全价日粮配方

周　龄	0~(4~5)			(4~5)~(10~11)			(10~11)以上		
编　号	1	2	3	1	2	3	1	2	3
饲料名称	配　合　比　例　（%）								
玉米	48	46.13	51.0	53.63	34.83	37.83	57.93	26.43	54.63
小麦									
次粉	18.3	11.0	14.33	10.0	10.0	10.0	10.0	10.0	10.0
麸皮				10.0		5.0	5.0		
碎米					20.0	20.0		30.0	
稻谷									
细糠		10.0			10.0			10.0	5.0
豆粕	24.0	25.0	15.0	13.0	13.0	10.0	12.0	7.0	15.0
花生粕			10.0	7.0				10.0	
菜籽粕					5.0	5.0			
甘薯叶粉							5.0		
苜蓿草粉								3.0	
松针粉									4.0
玉米蛋白粉(CP 50%)						5.0			
玉米胚芽粕								5.0	8.0
进口鱼粉		4.0	6.0	3.0					
国产鱼粉	6.0				4.0	4.0	2.0		
贝壳粉	1.2		0.8	1.0		0.8	0.2		
石粉		1.3			0.8			1.4	0.2
骨粉			1.5	1.0			1.5		1.8
磷酸氢钙	1.2	1.2			1.0	1.0		0.8	
添加剂	1.0	1.0	1.0	1.0	1.0	1.0	1.0	1.0	1.0
氯化钠	0.3	0.37	0.37	0.37	0.37	0.37	0.37	0.37	0.37
营　养　成　分									
代谢能(兆焦/千克)	12.03	11.90	12.37	12.0	12.01	12.2	11.87	12.25	11.70

周　龄	0～(4～5)			(4～5)～(10～11)			(10～11)以上		
编　号	1	2	3	1	2	3	1	2	3
饲料名称	配　合　比　例　(%)								
粗蛋白质(%)	20.28	20.21	21.07	18.05	17.04	18.01	15.09	16.23	15.09
蛋能比 (克/兆焦)	16.9	17.0	17.0	15.0	14.1	14.8	12.7	13.2	12.9
粗纤维(%)	3.15	3.81	3.06	3.37	3.7	3.07	3.69	4.06	3.98
钙(%)	0.99	1.01	1.08	0.83	0.84	0.88	0.83	0.82	0.82
有效磷(%)	0.41	0.45	0.44	0.31	0.41	0.33	0.3	0.35	0.3
赖氨酸(%)	1.02	1.04	0.99	0.8	0.81	0.76	0.66	0.66	0.67
蛋氨酸(%)	0.32	0.32	0.33	0.27	0.30	0.33	0.23	0.24	0.22
蛋氨酸＋ 胱氨酸(%)	0.65	0.64	0.66	0.58	0.58	0.64	0.50	0.51	0.49
氯化钠(%)	0.35	0.4	0.4	0.37	0.39	0.39	0.37	0.37	0.37

注：添加剂根据土鸡不同的周龄及基础日粮成分而定。添加剂中含5～15克禽用复合多维、50～70克氯化胆碱、50克禽用微量元素预混料、20～50克蛋氨酸及适量的抗氧化剂、防霉剂等。

17. 土鸡配合饲料种类有哪些?

(1) 全价配合饲料

全价配合饲料是指根据土鸡的营养需要，将多种饲料原料和饲料添加剂按照一定比例配制的饲料。其中含有鸡需要的全部营养物质，而且含量、比例适当。用这种饲料喂鸡不需要再添加任何其他饲料，如土鸡的育雏期大多采用此种饲料。但在生产上，同样是全价配合饲料，其中所含各种养分的量不完全相同，价格和形状也不一样。

(2) 浓缩料

浓缩料是指主要由蛋白质、矿物质和饲料添加剂按照一定比例配制的饲料。用户买回这种饲料，按厂家说明的比例加入一些谷实类（玉米、小麦）等能量饲料，便能满足鸡的各种营养需要。这对自己生产粮食的农民或容易买到谷实类饲料的养鸡户、小型饲料厂来说，既方便又经济。但使用浓缩料必须严格按产品说明搭配其他饲料，同时也应注意其质量和妥善贮藏。

(3) 添加剂预混合饲料

添加剂预混合饲料是指由两种（类）或两种（类）以上营养性饲料添加剂为主，与载体或者稀释剂按照一定比例配制的饲料，包括复合预混合饲料、微量元素预混合饲料、维生素预混合饲料。它是配合饲料工业生产的半成品，供全价饲料和浓缩料使用。在生产和使用添加剂预混料过程中，应注意剂量、混合均匀及贮存等问题。

18. 土鸡常用饲料有哪些成分及营养价值？

土鸡常用饲料成分及营养价值见表3-5。

表 3-5　土鸡常用饲料成分及营养价值表

饲料名称	干物质（%）	代谢能（兆焦/千克）	粗蛋白质（%）	粗脂肪（%）	粗纤维（%）	钙（%）	总磷（%）	有效磷（%）	赖氨酸（%）	蛋氨酸（%）	色氨酸（%）	胱氨酸（%）
玉米	88.4	14.06	8.6	3.5	2.0	0.04	0.21	0.06	0.21	0.13	0.08	0.18
小麦	91.8	12.07	12.1	1.8	2.4	0.07	0.36	0.12	0.33	0.14	0.14	0.30
高粱	89.3	13.01	8.7	3.3	2.2	0.09	0.28	0.08	0.22	0.08	0.08	0.12
碎米	88.0	14.10	8.8	2.2	1.1	0.04	0.23	0.07	0.34	0.18	0.12	0.18
麸皮	88.6	6.57	14.4	3.7	9.2	0.18	0.85	0.24	0.47	0.15	0.23	0.33
米糠	90.2	10.92	12.1	15.5	5.7	0.07	1.81	0.31	0.56	0.25	0.16	0.20
豆粕	92.4	10.29	45.0	1.1	5.4	0.32	0.62	0.19	2.54	0.51	0.65	0.65
菜籽饼	92.1	8.45	36.4	7.8	10.7	0.73	1.24	0.29	1.23	0.61	0.45	0.61
菜籽粕	91.2	7.99	38.5	1.4	11.8	0.79	0.96	0.29	1.35	0.77	0.51	0.69
棉籽粕	91.0	7.95	41.4	1.9	12.9	0.36	1.02	0.31	1.39	0.41	0.50	0.46
花生粕	90.0	12.26	43.9	6.6	5.3	0.25	0.52	0.16	1.35	0.39	0.30	0.63
玉米粕	90.7	9.54	15.8	8.7	5.7	0.03	0.85	0.23	0.69	0.23	0.17	0.34
芝麻粕	92.0	8.95	39.2	10.3	7.2	2.24	1.20	0.36	0.93	0.81	0.40	0.50
国产鱼粉	89.5	10.25	55.1	9.3		4.59	2.15	2.15	3.64	1.44	0.70	0.47
进口鱼粉	89.0	12.13	62.0	9.7		3.91	2.90	2.90	4.35	1.65	0.80	0.56
肉骨粉	94.0	11.38	53.4	9.9		9.20	4.70	4.70	2.60	0.57	0.26	0.33
血粉	88.9	10.29	84.7	0.4		0.20	0.22	0.22	7.07	0.68	1.43	1.69
食用酵母	91.9	9.16	41.3	1.6		2.20	2.92		2.32	1.73	0.44	0.78
苜蓿草粉	88.6	3.42	15.5	2.3	23.6	1.46	0.22		0.64	0.16	0.24	0.14
槐树叶粉	90.3	3.97	18.1	3.1	11.0	2.21	0.21		0.84	0.22	0.14	0.12
骨粉	95.2					32.0	13.0	13.0				

续表

饲料名称	干物质（%）	代谢能（兆焦/千克）	粗蛋白质（%）	粗脂肪（%）	粗纤维（%）	钙（%）	总磷（%）	有效磷（%）	赖氨酸（%）	蛋氨酸（%）	色氨酸（%）	胱氨酸（%）
磷酸氢钙						21.0	18.0	18.0				
贝壳粉						33.0	0.14	0.14				
石粉						35.0						
植物油	99.5	36.82										
动物油	99.5	32.82										

四、土鸡生态养殖饲养管理

1. 无公害饲养土鸡有什么标准要求？

农业部在 2001 年 9 月 3 日发布了《无公害食品　肉鸡饲养管理准则》（NY/T 5038—2001），本标准规定了无公害肉鸡的饲养管理条件，包括产地环境、引种来源、大气环境质量、水质、禽舍环境、饲料、兽药、免疫、消毒、饲养管理、废弃物处理、生产记录、出栏和检验。本标准适用于肉用仔鸡、优质肉鸡及地方土鸡的饲养。

（1）总体要求

①产地环境。大气质量应符合《大气环境质量标准》（GB 309）的要求。

②引种来源。雏鸡应来自有种鸡生产许可证，而且无鸡白痢、新城疫、禽流感、支原体病、禽结核病、淋巴细胞白血病的种鸡场，或由该类场提供种蛋所生产的经过产地检疫的健康雏鸡。一栋鸡舍或全场的所有鸡只应来源于同一种鸡场。

③饮水质量。水质应符合《无公害食品　畜禽饮用水水质》（NY 5027）的要求。

④饲料质量。饲料应符合《无公害食品　肉鸡饲养饲料使用准则》（NY 5037）的要求。

⑤兽药使用。饮水或拌料方式添加兽药应符合《无公害食品　肉鸡饲养兽药使用准则》（NY 5035）的要求。

⑥防疫。肉鸡防疫应符合《无公害食品　肉鸡饲养兽医防疫准则》（NY 5036）的要求。

⑦病害肉尸的无害化处理。应符合《畜禽病害肉尸及其产品无害化处理规程》（GB 16548）的要求。

⑧环境质量。鸡舍内环境卫生应符合《畜禽场环境质量标准》（NY/T388）的要求，鸡场排放的废弃物按减量化、无害化、资源化原则处理。

（2）禽舍设备卫生条件

①鸡舍选址应在地势高燥、采光充足和排水良好、隔离条件好的区域，还

应符合以下条件：鸡场周围 3000 米内无大型化工厂、矿厂等污染源，距其他畜牧场至少 1000 米；鸡场距离干线公路、村和镇居民点至少 1000 米；鸡场不应建在饮用水源、食品厂上游。

②鸡场应严格执行生产区和生活区相隔离的原则。

③鸡舍建筑应符合卫生要求，内墙表面应光滑平整，墙面不易脱落、耐磨损和不含有毒有害物质。还应具备良好的防鼠、防虫和防鸟设施条件。

④养殖设备应具备良好的卫生条件并有适合的卫生检测条件。

（3）饲养管理卫生条件

①每批肉鸡出栏后应实施清洗、消毒和灭虫、灭鼠，消毒剂应选择符合《中华人民共和国兽药典》规定的高效、低毒和低残留消毒剂，且必须符合相关条例的规定；灭虫、灭鼠应选择符合《农药管理条例》规定的菊酯类杀虫剂和抗凝血类杀鼠剂。

②鸡舍清理完毕到进鸡前空舍至少 2 周，关闭并密封鸡舍，防止野鸟和鼠类进入鸡舍。

③鸡场所有入口处应加锁并设有"谢绝参观"标志。鸡场门口设消毒池和消毒间，进出车辆经过消毒池，所有进场人员要脚踏消毒池。消毒池选用 2%～5%漂白粉澄清溶液或 2%～4%氢氧化钠溶液，消毒液定期更换。进场车辆建议用表面活性剂消毒液进行喷雾，进场人员经过紫外线照射的消毒间。外来人员不应随意进出生产区，特定情况下，参观人员在淋浴或消毒后穿戴保护服才可进入。

④工作人员要求身体健康，无人畜共患病。工作人员进鸡舍前要更换干净的工作服和工作鞋。鸡舍门口设消毒池或消毒盆供工作人员消毒鞋用。舍内要求每周至少消毒 1 次，消毒剂选用符合《中华人民共和国兽药典》规定的高效、无毒和腐蚀性低的消毒剂，如卤素类、表面活性剂等。

⑤坚持"全进全出"制饲养肉鸡，同一养禽场不能饲养其他禽类。

（4）饲养管理要求

①饲养方式。可采用地面散养或离地饲养（网上平养和笼养），地面平养选择刨花或稻壳作垫料，垫料要求一定要干燥、无霉变，不应有病原菌和真菌类微生物群落。

②饮水管理。采用自由饮水，确保饮水器不漏水，防止垫料和饲料霉变。饮水器要求每天清洗、消毒，消毒剂应选择符合《中华人民共和国兽药典》规定的 10%癸甲溴铵、漂白粉和卤素类消毒剂。水中可以添加葡萄糖、电解质、多维类添加剂等。

③喂料管理。自由采食和定期饲喂均可。饲料中可以拌入多种维生素类添

加剂。强调上市前7天，饲喂不含任何药物及药物添加剂的饲料，一定要严格执行停药期的规定。每次添料根据需要确定，尽量保持饲料新鲜，防止饲料发生霉变。及时清除散落的饲料。饲料应存放在干燥的地方，存放时间不能过长，不应饲喂发霉、变质及生虫的饲料。

④防止鸟和鼠害。控制鸟和鼠进入鸡舍，饲养场内和鸡舍经常投放诱饵灭鼠和灭蝇。鸡舍内诱饵应投放在鸡群不易接触到的地方。

⑤防疫和病禽治疗。对病情较轻、可以治疗的肉鸡应隔离饲养，所用药物应符合《无公害食品　肉鸡饲养兽药使用准则》（NY 5035）的要求。

⑥废弃物处理。使用垫料的饲养场，肉鸡出栏后应一次性清理垫料。饲养过程中垫料过湿要及时清出，网上饲养应及时清理粪便。清出的垫料和粪便在固定地点进行高温堆肥处理，堆肥池应为混凝土结构，并有房顶。粪便经堆积发酵后应作农业用肥。

⑦生产记录。建立生产记录档案，包括进雏日期、进雏数量、雏鸡来源，饲养员；每日的生产记录包括日期、肉鸡日龄、死亡数、死亡原因、存栏数、温度、湿度、免疫、消毒、用药、喂料量、鸡群健康状况、出售日期及数量和购买单位，记录本应保存两年以上。

⑧肉鸡出栏。肉鸡出栏前3～6小时停喂饲料，但可以自由饮水。

（5）检验

肉鸡出售前要做产地检疫，按《畜禽产地检疫规范》（GB 16549）标准进行。检疫合格肉鸡可以上市，不合格肉鸡按《畜禽病害肉尸及其产品无害化处理规程》（GB 16548）处理。

（6）运输

运输设备应洁净，无鸡粪和化学品遗弃物。

2. 土鸡的生长发育有哪些特点？其饲养阶段如何划分？

（1）土鸡的生长发育特点

我国地方品种土鸡的生长发育特点是：生长慢而性成熟早，130～180天上市时接近性成熟，此时母鸡的体重1.25～1.5千克、公鸡体重1.5～2.0千克。它们的生长规律往往是前期慢，生长高峰在8周龄以后。

（2）生长阶段的划分

根据大多数土鸡的体重生长曲线、体成分变化规律及饲养管理特点，土鸡的饲养期大致分为3个阶段，即育雏期、生长期、育肥期（表4-1）。

表 4-1　土鸡生长阶段划分

饲养期（周龄）			出栏体重（千克）
育雏期	生长期	育肥期	
0～5	6～11	12 以上	1.3～1.6

　　土鸡饲养期的划分因不同的鸡种、不同的饲养管理条件而异。如果鸡种生长速度快，气候适宜，则育雏期可提早结束；如鸡种性成熟早，4～5 周龄即能基本分出公母鸡，则可提早分群。划分饲养期的目的是为了根据不同阶段、不同性别的生长特点进行科学的饲养管理。

3. 雏鸡有哪些生理特点?

　　土鸡的育雏期通常指 0～5 周龄。雏鸡饲养管理得当与否，对其以后的生长速度、成活率、饲料利用率及屠体品质都有很大的影响。为了把雏鸡养好，必须了解雏鸡的生理、生长发育特点，以及对饲料、环境条件要求等。

　　①雏鸡出壳时尚有 5 克左右卵黄吸入腹腔中，这是雏鸡出壳后 24～36 小时内的营养物质来源，此期间可以将雏鸡从种鸡场运输到商品肉鸡场，途中无需喂料、饮水。

　　②雏鸡体温调节功能不完善，绒毛稀短，保温能力差。刚出壳的雏鸡体温较成年鸡低约 3℃，从 4 日龄起体温才逐渐提高，10 日龄才达到与成年鸡基本相同的体温。其体温调节功能要在 3 周以后，绒毛脱落且长上新羽后才比较完善。30～45 日龄绒毛完全脱落，雏鸡提高新陈代谢的速度以抵御寒冷。

　　③雏鸡生长发育迅速，土鸡在 5 周龄以前的相对增重一般在 50% 以上；随着周龄的增长，其相对增重逐渐减弱。

　　④雏鸡的消化能力差，采食量少，不易消化吸收粗纤维过高的食物。但雏鸡生长快，新陈代谢旺盛，需要高能高蛋白质的饲料和足够的矿物质、维生素等营养物质，所以饲料的成分要全价、平衡，而且要容易消化、吸收。配合饲料的形状以碎粒料为宜，在饲养上应注意少喂多餐。

　　⑤雏鸡抗病能力低，免疫功能还未发育健全，易受多种疫病的侵袭，如新城疫、白痢病、球虫病等。因此，要严格执行消毒和防疫制度，搞好环境卫生。在管理上保证育雏室通风良好，空气新鲜，经常洗刷用具，保持清洁卫生，及时使用疫苗和药物，预防和控制疾病的发生。

　　⑥雏鸡性情活泼又胆怯，防卫能力差，外界环境稍许变动都会引起应激反应。如育雏舍内的各种音响、噪声和新奇的颜色，或陌生人进入，都会引发鸡

群骚动不安，影响生长，甚至造成相互挤压致死致伤。育雏期间要保持环境安静，工作人员最好固定不变，饲养过程要细心，做好防鼠兽害工作。

⑦雏鸡敏感性强，对饲料中各种营养物质缺乏或有毒物质过量，都会影响其生长发育，并出现临床症状和病变。

4. 育雏前应做哪些准备工作？

雏鸡入舍前的准备工作是育雏的一项重要技术环节，它关系雏鸡育雏期的成活率、健康状况及生长速度。准备工作的任务是创造一个清洁干净、没有病源、温暖舒适、采食饮水方便的雏鸡生活环境。主要有下面几项工作：

（1）清扫

在土鸡循环生产中，每一批鸡出场后，应对鸡舍进行彻底的清扫，将粪便、垫草、剩料分别清理出去。对地面、墙壁、棚顶、用具等上面的灰尘要打扫干净。

（2）冲洗

冲洗是大量减少病原微生物的有效措施。在鸡舍打扫以后，都应进行全面的冲洗。不仅要冲洗地面，而且要冲洗墙壁、棚网、围网、饲料器、饮水器等用具。

（3）消毒

经过清扫、冲洗，鸡舍内病原微生物虽大量减少，但不能彻底消灭，必须进行消毒。消毒必须在用水冲洗地面、墙壁并晾干以后进行。可选用2％的氢氧化钠溶液、3％的甲酚皂（来苏儿）、0.5％～1％的苯扎溴铵（新洁尔灭）、10％～20％的石灰乳、0.5％的过氧乙酸、1％～3％的漂白粉、1：（3000～5000）的10％癸甲溴铵（百毒杀）、1：300的复合酚（农乐）等消毒剂对环境、鸡舍及用具进行消毒。如育雏舍密封性能较好，也可以采用熏蒸消毒，可将所有设备和用具清洗后放入育雏舍，关闭所有窗户，按每立方米的空间30毫升福尔马林、15克高锰酸钾的比例或用福尔马林加热后进行熏蒸消毒12～24小时。消毒后关闭育雏舍空置4～5周。

（4）垫料

地面平养育雏，为了保暖的需要，通常需铺设垫料。垫料质量要求是不发霉、不污染和松软、干燥、吸水性强、长短粗细适当。垫料种类有谷壳、锯末、小刨花、玉米秆、稻草、麦秸等，可以混合使用。铺设厚度以5厘米左右为宜，但要平整，离热源最少要有10厘米的距离。

（5）围栏

在铺设垫料的同时，用育雏围栏将育雏室隔成小圈，热源在圈的中心，以便把小鸡固定在热源的附近。2 周龄以内的小鸡就在小圈里取暖、采食、饮水、休息。围高 40 厘米左右，圈的大小应视鸡群大小及保温设备而定。如果用保温伞保温，围栏离保温伞边缘 80～100 厘米；如用煤炉取暖，则围栏可圈小些，每圈育雏鸡 200 只左右。小鸡不用热源保温时便可拆除围栏。

（6）预热

在育雏前 48 小时，应将保温设备安装、检查、维修好，并在进雏前 24 小时开始预热加温，使雏鸡活动范围内的温度达到 33℃，或保温伞下的温度达到 35℃。提前预热加温，一方面可烘烤室内潮湿空气，减少鸡舍墙壁、地面的吸热，有利于保持室温恒定；另一方面也可提前检查温度是否达到要求，以便尽早采取措施，防止进雏后室温过低而使雏鸡受凉。

（7）备齐饲料器和饮水器

在雏鸡入舍前应预先准备好饲料盘和饮水器。雏鸡第 1～3 天的食盘应用矮平饲料盘，以便雏鸡进入采食。饲料盘和饮水器都应放在围栏的圈内，并且应放置均匀。要求饲料器、饮水器数量适当，以每只雏鸡平均占有饲料器边长 2.5 厘米、饮水器边长 1.5 厘米为宜。

5. 雏鸡的育雏和饲喂方式有哪些？

（1）育雏方式

雏鸡的人工育雏按其占用地面和空间的不同，分为立体育雏和平面育雏两种方式。

立体育雏是指用直立多层重叠式育雏笼育雏。育雏数量较大而缺少足够育雏舍的养鸡户可采用立体育雏。多层重叠式笼养即各层鸡笼均在一条垂直线上重叠安置，每层笼下有承粪板，每层育雏笼内有电热棒供温保暖。立体育雏特点是投资大，育雏舍占地面积少，保温容易。

平面育雏是指利用地面或各种床架饲养鸡群，其特点是：投资少，育雏舍占地面积大，保温困难，鸡容易饮水，喂料设备利率高，便于观察鸡群。它适合于中小型养鸡专业户，广大农村的土鸡饲养专业户多采用平面育雏。

平面育雏按舍内地面类型又可分为更换垫料育雏、厚垫料育雏和网上育雏 3 种。

①更换垫料育雏。把雏鸡养在铺有 3～5 厘米厚垫料的地面上。根据垫料的潮湿情况，经常添换垫料。

②厚垫料育雏。把雏鸡养在铺厚 10～15 厘米垫料的地面上。育雏过程不更换垫料，待育雏结束时一次性清除垫料。厚垫料育雏可省去经常更换垫料的繁重劳动。由于垫料发酵产热，可提高室温；垫料内由于微生物活动，可产生

维生素 B₁₂；雏鸡经常扒翻垫料，可以增加运动量，增强食欲和新陈代谢，促进其生长发育。采用厚垫料育雏方式，育雏舍要先打扫、清洁、消毒，撒一层熟石灰（每平方米撒 1 千克），然后再铺上 10 厘米厚的垫料。垫料于育雏结束后一次性清除。

③网上育雏。即将雏鸡养在离地面 50～60 厘米高的铁丝网上（网眼大小为 1.25 厘米×1.25 厘米）。网上育雏的优点是可节省大量垫料；雏鸡养在铁丝网上，粪便可以从铁丝网的网眼中落下，不需要经常打扫清粪；雏鸡不直接接触粪便，可减少疾病传播的机会，有利于防疫。

（2）育雏保温方式

①保温伞育雏器育雏。保温伞育雏器的热源可由电热丝、煤油、液化石油气等提供。容鸡只数根据育雏器的热源面积而定，一般为 300～1000 只（表 4-2）。其优点为可培育较多雏鸡，雏鸡可自由在保温伞下进出选择适温带，换气良好；缺点是必须有保温良好的育雏舍，垫料易脏及费用较高等。

表 4-2　电热保温伞育雏器的育雏鸡数

热源面积（厘米）	伞高（厘米）	半月内育雏鸡只数
100×100	55	300
130×130	60	400
150×150	70	500
180×180	80	600
240×240	100	1000

②红外线灯育雏。利用红外线散发的热量育雏，灯泡规格为 250 瓦。使用时数个灯泡成组连在一起，悬挂于离地面 45 厘米高处，室温低时可降低至 33～35 厘米。第 2 周起每周将灯提高 7～8 厘米，直至 60 厘米。最初几天要用围栏将初生雏限制在灯泡下 1.2 米直径的范围，以后逐渐扩大。料槽和饮水器不能放在灯下。每盏灯的保暖雏鸡数与室温有关（表 4-3）。

表 4-3　红外线灯（250 瓦）育雏数

室温（℃）	30	24	18	12	6
育雏数（只）	110	100	90	80	70

用红外线灯育雏，保温稳定，室内干净，垫料干燥，雏鸡可自由选择合适的温度，育雏效果良好，但耗电量大，灯泡易损。要特别注意在使用时灯泡不

要摆动或碰到冷水。

③烟道式育雏。烟道式育雏有地上水平烟道和地下烟道两种。其原理都是烧煤或利用当地其他燃料，使热气通过烟道而升高室温。地下烟道埋在地下，管理时便于操作；因散热慢、保温时间久，耗燃料少，热从地面上升，适合于雏鸡伏卧地面休息的习性；地面和垫料暖和干燥，球虫病等发病率低。烟道式育雏舍对房舍结构要求较高，不仅墙壁的保温性能要好，而且应加天花板，使室内的保温空间小一些。天花板的高度一般离地面1.7米。烟道在地下不要位于育雏室中央，而应在育雏室的一侧，使育雏室地面有温差，雏鸡在地面活动可自由选择温度适宜的地方。

④煤炉育雏。小规模专业户常用，育雏成本低。注意煤炉排气管要通到育雏舍外，以防一氧化碳中毒。

（3）雏鸡饲喂方式

雏鸡的饲喂方式可分为两种：一种是定时定量，就是根据雏鸡的日龄大小和生长发育的要求，把饲料按规定的时间分为若干次投给，一般在4周以前每日喂4～6次，投喂的饲料量以下次投料前半小时食完为准。这种饲喂方式有利于提高饲料的利用率。另一种是自由采食方式，就是把饲料放在饲料器内任雏鸡随时采食，一般每天加料1～2次，终日保持饲料器内有饲料。在土鸡饲养的育雏阶段多采用自由采食方式，这种方式可使鸡生长速度比前一种快，还可以避免饲喂时鸡群抢食、挤压和弱雏争不到饲料的现象，使鸡群都能比较均匀地采食饲料，生长发育比较均匀；土鸡在中后期放养时多采用定时定量饲喂方式。

6. 鸡苗应如何选择？

土鸡饲养碰到的第一个问题就是如何选购鸡苗。雏鸡选得好差和养鸡生产是否顺利关系很大，直接关系到饲养土鸡的经济效益。土鸡饲养者应从隔离、卫生、防疫条件完善，蛋传递性疾病（如白痢、大肠杆菌病、鸡毒霉形体、鸡脑脊髓炎等）净化工作良好，种蛋收集、消毒、贮存、孵化管理规范，有种畜禽生产经营许可证、种畜禽合格证和动物防疫条件合格证的种鸡场购买鸡苗。鸡苗在种鸡场出壳后，应在24小时内按操作规程接种马立克病疫苗，最好用CVI_{988}或多价苗。

饲养者无论是自己孵化或购买雏鸡都要进行鸡苗选择，选择的标准主要有：雏鸡准时出壳；腹部收缩良好、大小适中、柔软，不是大肚子鸡；羽毛干后整洁、富有光泽、长短整齐，能站立；泄殖腔附近干净，没有黄白色的稀粪黏着；脐带吸收愈合良好，脐孔紧而干燥，没有血痕存在，其上覆盖绒毛；

喙、眼、腿爪等无畸形；雏鸡精神活泼、反应灵敏，两脚结实，关节不红肿。凡是符合以上标准的是健康雏鸡，其中有一条标准不符就不要选用。因为弱雏都很难养活，即便活下来，也不会有良好的生产成绩。如果弱雏也要饲养，应把健弱雏分群饲养，以免强欺弱，弱雏会因饮食不能满足而死亡。

7. 鸡苗应如何运输与安放？

初生雏在经过挑选和雌雄鉴别后就可起运，在 24~36 小时内到达目的地。运输雏鸡的基本原则是迅速及时、安全舒适，并注意卫生。雏鸡最好在出壳后 24 小时前到达育雏室；如果远距离运输，也不能超过 36 小时，以免途中雏鸡脱水死亡。使用专用运雏盒装雏。专用的运雏盒有纸制一次性的，也有用塑料做的永久性的。专用运雏盒顶盖、四壁都有通风孔，盒内有分四格的挡板，四角有支柱，每箱装 100 只（夏季装 80 只）。装车时盒与盒之间都要留好空隙。如用其他工具运雏，也要注意透气、通风，防止压死。运输前要做好清洗消毒，装盒要平衡、牢固，不能有缝，最好在白天行车。夏季运雏，在早晚凉爽时行车，并保证通风良好。无论何时运雏，途中都要不断检查，发现过冷、过热或通风不良等情况，都应及时采取措施。另外，行车要平稳，途中不宜经常停车。

雏鸡运到育雏舍后应立即安放，健弱雏鸡分群安放，使雏鸡尽早安定下来，及早饮水和吃料。在卸车搬箱运雏过程中速度要快，行动要稳，也要注意防风、防寒、防闷。长距离运雏，到达后应先饮水后喂料。

8. 雏鸡育雏的环境条件如何控制？

（1）温度

①育雏温度对雏鸡的影响。育雏温度与雏鸡的体温调节、采食、运动和饲料的消化、吸收等均有密切关系。温度过高，雏鸡新陈代谢受阻，食欲减退，大量消耗体内的水分，引起生理功能失调，发育缓慢，体质减弱，且容易发生呼吸道疾病或啄肛等恶癖；温度过低，雏鸡怕冷挤在一起，减少采食和活动时间，体温散失快，消耗能量多，故雏鸡增重慢，过低也容易发生呼吸道疾病，诱发白痢等疾病。

②适宜的育雏温度。适宜的育雏温度包括育雏室的温度和育雏器的温度。育雏室的温度要比育雏器的温度低，应保持在 24~25℃。各周龄育雏器条件下的合适温度（距热源 50 厘米，离地 5 厘米处，立体育雏时的温度测定在笼外离地面 1 米处）见表 4-4。

表 4-4 各周龄育雏器条件下的合适温度

周龄	1	2	3	4	5
温度（℃）	30～32	27～29	24～26	21～23	18～20

育雏温度是否合适除可用温度计检查外，更重要的是要经常观察雏鸡的活动表现。温度过高，雏鸡表现为远离热源，大量喝水，张开翅膀，张口喘气；温度过低，雏鸡表现为靠近热源，缩成一团，不爱活动，绒毛耸起，夜间睡眠不稳，频繁尖叫，拥挤打堆；温度适宜，雏鸡精神饱满，活泼好动，分布均匀，互不挤压，而且安稳，很少叫声。

（2）湿度

刚孵出雏鸡体内含水分 76％。如湿度太低，育雏舍过于干燥，雏鸡体内水分散发过多，此时若饮水不足，会因脱水而死亡，或影响卵黄吸收，长羽慢，无光泽，脚趾干，生长慢；湿度过高，雏鸡羽毛污秽，零乱，食欲差，垫料湿，易患疾病。育雏舍内适宜湿度为 50％～60％。在保证饮水条件下，低湿比高湿好。

（3）通风

雏鸡生长快，新陈代谢旺盛，且鸡排出的粪便还有 20％～25％营养物质尚未被利用，其中含硫蛋白质会分解产生有害气体（如 NH_3 和 H_2S 等），因此育雏舍除要注意保温外，还要适当通风，以利于有害气体的排放，使其浓度在安全浓度内（NH_3 浓度低于 0.002％，H_2S 浓度低于 0.001％，CO_2 浓度低于 0.5％）。雏鸡对氨气特别敏感，当育雏舍内氨气的浓度过高时，氨气刺激眼结膜引起角膜炎、结膜炎，并易诱发呼吸道疾病的发生。不过育雏期通风换气也要适当，既要防止育雏舍内热量大量排出舍外而影响保温，又能保证雏育舍内空气新鲜。生产上解决通风与保温这一对矛盾的做法是：通风之前先提高育雏舍的温度（一般 1～2℃），待通风完毕后基本降至原来的舍温。通风的时间最好选择在晴天中午前后。通风换气要缓慢进行，门窗的开启度应从小到大，最后呈半开状态。切不可突然将门窗大开，让冷风直吹，导致舍温突然下降。特别用煤炉保温更要注意通风。

（4）光照

土鸡育雏期的第 1 周，应给予较强的光照强度，使幼雏早日熟悉环境，方便饮食，一般以 20～40 勒光照强度为宜，以后逐渐降至 5～10 勒弱光照强度（每平方米平均用 2.7 瓦灯泡，约为 10 勒光照度）。育雏期每天光照数以每天 23 小时为宜。

（5）适宜的饲养密度和足够的采食、饮水空间

雏鸡饲养密度与饲养方式有很大关系，地面散养密度应该小些，网上平养密度可以大些。一般网上比地面可多养 20%～30%，笼养密度为地面饲养的 1 倍。随着鸡龄增大，应该逐渐减小密度。但在生产实践中往往以阶段来划分，前 4 周未能分辨公母以前为一个阶段，用同一种密度，地面平养 25 只/米²，网上平养 30 只/米²，笼养 50 只/米²。另外，还要考虑品种的体型大小。饲养密度受季节影响很大，冬季密些，夏季要尽量稀一些。雏鸡育雏期 0～5 周龄适宜的饲养密度见表 4-5，育雏期每只鸡平均占料槽宽 2 厘米，占水槽宽 1 厘米。

表 4-5　雏鸡育雏期适宜的饲养密度　　　　　　　　　　只/米²

周　龄	地面平养	网上平养	笼　养
1	50	60	100
2	30	36	60
3	25	30	50
4	20	24	40
5	15	18	30
6	13	15	26

（6）环境卫生

在育雏过程要经常保持环境、食槽、水槽清洁卫生，尽量减少幼雏受病原微生物感染的机会。

9. 平养雏鸡的饲养管理要点有哪些？

（1）适时饮水、开食

雏鸡出壳后 24 小时，或有 2/3 雏鸡有啄食动作时开食较好。开食可用营养全价、平衡、适口性好、便于采食的碎粒料。经长途运输的雏鸡，最好不要超过 24 小时开食，因为 24 小时之前，雏鸡体内的卵黄尚未吸收完全，还能维持鸡的营养需要。开食过迟，会使雏鸡体力消耗过多，发生脱水和虚弱现象，如出现干脚、畏寒、体重减轻等，影响以后的生长和成活率。饮水中可以考虑加入 4%～8% 葡萄糖、适量的抗生素、复合维生素、电解质。开食时应用大口径浅盘饲料盘，饮水器要注满清水。用较强的灯光，使雏鸡很容易见到料、水，引诱幼雏啄食，时间一长，幼雏便会自动开始吃料、饮水。

（2）提供全价日粮

雏鸡的日粮营养要求为全价、平衡、适口性好、便于采食，以碎粒料为好。

（3）提供充足清洁的水

水对鸡的生命健康来说非常重要，在某种意义上说，水比饲料还重要，因为鸡体的大部分都是水，而且其生命的一切代谢过程都离不开水的作用。在整个养鸡生产中都不能断水，要保证雏鸡能随时饮到清洁的水。这一点，对于中鸡、大鸡来说也一样。供水必须注意水的清洁卫生，特别是放养的鸡，必须避免鸡饮用地面积聚的浊水或其他不洁净的水。

（4）限制幼雏的活动范围

限制幼雏的活动范围的目的是防止幼雏因远离热源而受凉。一般在育雏的初期，常以育雏器为中心在周围圈一圈护网。护网一般用铁丝或竹丝编制而成，或先制成木框，再钉细眼铁丝网。护网高 40～50 厘米，在育雏器外周 60～150 厘米处围成圆圈。育雏器内安放一小灯泡，这样使幼雏对热源的灯光建立条件反射，遇冷即向育雏器内靠近。护网最初两天靠育雏器较近，限制幼雏的活动范围；随着雏鸡日龄的增大，护网逐渐向外扩展，以扩大雏鸡的活动场地；至 15～25 日龄时即可撤除。

（5）温度调节

在供温期间一定要使育雏温度符合各个周龄雏鸡需要，在雏鸡逐渐长大的过程中，随着雏鸡羽毛逐渐生长而将育雏温度降低，直至停止供温。在供温期间要尽可能保持温度的平稳下降，每周把温度调低 2～3℃，最好分两次降低温度，不要使雏鸡突然感到寒冷。

（6）加强日常看护

日常看护是一项比较重要的管理工作。饲养员或技术员只有对雏鸡的一切变化情况了如指掌，出现问题时能及时分析原因，采取对应的措施，加强护理，才可提高雏鸡成活率，减少损失。饲养员应加强值班，精心看护雏鸡，经常检查料槽、水槽的采食、饮水情况，注意饮水位置是否够用，规格是否需要更换。饲养员每天在喂料、换水、添加垫料时，要注意观察雏鸡的精神状态、活动、食欲、粪便等情况，及时剔出鸡群中的病弱雏。病弱雏常表现为离群、闭眼、呆立、羽毛蓬乱不洁、翅膀下垂、呼吸有声等症状。

正常的雏鸡采食、活动、睡眠都很有规律。白天，雏鸡活泼好动，在采食前后通常互相追逐，有时全群绕栏内圈行走，食饱后喜欢分散在保温伞等热源周围休息、睡觉。正常的睡觉姿势是头颈伸直，卧地而眠。如果鸡只不喜欢活动，羽毛松乱，互相拥挤，发出尖叫声，这往往是鸡舍育雏温度不够，鸡畏寒所致，应立即提高室内温度；如雏鸡远离热源而卧，张口呼吸，则说明温度过高；如果大部分鸡只都能活泼采食、正常睡眠，而个别鸡只远离热源、不吃不饮、站立睡眠、头颈收缩、羽毛松乱、离群独立，往往是这些鸡得病，应把它抓出隔离观察、治疗。在晚上，主要注意观察鸡只的睡眠状态和听呼吸声音，如果发现鸡发出异常的声音，如呼吸道啰音、打喷嚏，可能是鸡只有呼吸道疾病，这时应及时采取治疗措施。

每天早晨，饲养员都要注意观察雏鸡粪便的颜色和形状是否正常，以便于判定鸡群是否健康或饲料的质量是否发生问题等。雏鸡正常的粪便应该是：刚出壳尚未采食的幼雏排出的胚粪为白色和深绿色稀薄液体；雏鸡采食以后排出的粪便呈圆柱形、条状，颜色为棕绿色，粪便的表面有白色的尿酸盐沉着。有时早晨单独排出盲肠内的粪便呈黄棕色糊状，这亦属于正常粪便。病理状态的粪便可能有以下几种情况：

黄绿色稀粪：可能原因是高热、饮水增多、采食减少、胆汁剩余，多与传染病（新城疫、禽流感、禽霍乱、大肠杆菌病、伤寒）、饥饿、缺水等有关。

红色血粪：多与球虫病、组织滴虫病、坏死性肠炎、中毒、新城疫有关。

黑色黏粪：与球虫病、使用劣质鱼粉、过量添加棉籽粉或菜籽粕、血粉有关。

白色稀粪：与饲料中蛋白质含量过高、蛋白质量低劣、维生素 A 缺乏、钙含量过高、磷含量低、饮硬水、脱水、受寒、肾型传染性支气管炎、传染性法氏囊病、沙门菌病、霉菌毒素中毒、使用过量磺胺类或氨基糖苷类药物等有关。

消化不良：特征是在粪便中残留饲料小颗粒（玉米、豆粕），饲料转化率降低，色素沉着减少，有时会引起腹泻或继发其他疾病。与呼肠孤病毒引起的吸收不良综合征、球虫病、细菌性肠炎、热应激、饲料碾磨粗糙、离地饲养、从未采食过沙粒，饲料中有抗营养因子、饲料霉变、存在生物胺或脂肪变性、饮水中含硝酸盐过高、饲料中氯化钠含量偏高，或采食过快、量过大等有关。

粪便潮湿：与日粮中氯化钠含量太高、非淀粉多糖含量高、氟含量高，饲料消化不良、日粮中电解质不平衡、使用抗球虫药（聚醚离子类如盐霉素等）、疾病腹泻（沙门菌病、大肠杆菌病）、环境舍温高等有关。

粪便黏稠：与日粮中非淀粉多糖含量高，用过多小麦、大麦、米糠等，日粮中抗营养因子含量高、没用酶制剂等有关。

粪便中有异物：粪便中带有蛋清样分泌物，小鸡多见于法氏囊炎，成鸡多见于输卵管炎、禽流感；粪便中带有黄色干酪物或黄色纤维素性干酪样结块，临床多见于因大肠杆菌感染而引起的输卵管炎症；粪便中有寄生虫，临床多见于线虫、绦虫病；粪便中带有泡沫，临床多见于小鸡受寒或添加葡萄糖过量、使用时间过长；粪便中有脱落的肠段样假膜，临床多见于球虫病、坏死性肠炎、新城疫等。

（7）分群

在饲养过程中，同一群雏鸡因个体的差异性，出现强雏、弱雏和病雏等。对弱病雏要另圈饲养，最好放在育雏室内温度较高之处，也要有适当的活动面积和方便饮食的条件；对病雏还要对症下药进行治疗。如将弱病雏鸡养在条件不好的地方，雏鸡不但不能很快地恢复健壮，反而有可能更加虚弱，甚至死亡。

（8）采用"全进全出"制

为了有利于疾病防疫，现在养鸡都主张实行"全进全出"制度。"全进"是指一座鸡舍（或场）只进同一日龄的雏鸡。"全出"是指同一鸡舍的雏鸡于同一天（同一批鸡同时出）转到中鸡舍。"全出"后，将育雏鸡舍内能够拆卸的设备全部取出，按进雏前的准备工作进行各项清理、消毒，再行接雏。这样可以避免一座鸡舍饲养多批日龄大小不同的雏鸡，致使鸡舍连续不断地使用。采用"全进全出"制能有效地消灭场内病原微生物，切断病原循环感染的途径，使雏鸡开始生活于洁净的环境，健康地生长。此外，采用"全进全出"制，场内养一批同一日龄的鸡，管理方便，也便于贯彻技术措施，饲养的鸡增重多，耗料低，死亡少。

（9）断喙

断喙的目的在于防止鸡群发生啄癖，减少饲料浪费。鸡群中发生啄羽、啄肛等恶癖不仅会引起鸡只的死亡，而且会影响鸡的生长速度和长大后商品土鸡的外观，降低售价，给饲养者带来很大的经济损失。引起啄癖症的可能原因有：饲料中粗蛋白质含量不足（低于15%），或蛋白质够，但蛋氨酸和色氨酸不足；矿物质中钙、磷、锌（低于 4×10^{-5}）、锰不足；维生素中 A、D_3、B_1、B_{12}，以及叶酸、生物素等不足；鸡吃料不够，没饱感；管理因素中有饲养密度太大，鸡舍内光线太强、湿度太低，强弱悬殊，不同羽色、不同日龄的鸡混养，死鸡不及时捡出，以及体表有寄生虫等。

雏鸡必须及时断喙。第一次断喙在6～10日龄进行，弱雏、病雏或处在应激状态时的雏鸡，可适当推迟断喙时间，这样对雏鸡造成的应激较小，重断率较低，也便于操作。在专用的电动断喙器上，有直径为 0.35 厘米、0.40 厘米、0.44 厘米的小孔。操作时，用食指轻压雏鸡咽喉部，使其缩舌，然后将要切除的鸡喙插入孔内，雏鸡头稍向下倾斜，一块热刀片由上向下切割（上喙与下喙在鼻孔前2～3毫米处同时切断），并在切口处灼烧1～2秒钟，以止血和防止感染。断喙时应注意：断喙器应消毒；刀片应加热到呈暗樱桃红色，温度约 800℃；切喙的长度要适宜；为防止雏鸡出血和应激，可在饮水、饲料中加喂维生素 K₃ 和维生素 C，一般每千克饲料加 5～10 毫克维生素 K₃ 和维生素 C；断喙后喂料应多添一些，至少有半槽的深度，以利雏鸡采食，避免喙碰撞槽底。

此外，雏鸡在饲养管理上还要注意保持育雏舍周围安静，防止噪声、突然的声响，以免引起雏鸡受惊而挤压死亡；加强灭鼠工作，防止鼠害；做好防疫措施，不让外人进入鸡舍；搞好环境卫生。

10. 笼养雏鸡的饲养管理要点有哪些?

（1）育雏笼的检查

笼养育雏在育雏之前必须检查育雏笼，看育雏笼的底网是否有破漏，各个侧网和笼门是否严实，水槽、料槽是否完整、牢固。

（2）上笼

1 日龄雏鸡运到育雏舍后，应尽快地将雏鸡放进笼内。开始上笼时，幼雏很小，为便于集中管理（如育雏笼为三层或四层），可将雏鸡放在温度较高又便于观察的上一二层。上笼时先捉健雏，剩下的弱雏放另外的笼饲养。然后在笼底铺纸，在上面撒些饲料，再将笼门外边的料槽加满饲料并堆高，让雏鸡在笼内容易见到，便于啄食。

（3）分雏

育雏笼内的幼雏养到 15～20 日龄，雏鸡已明显长大，活动能力也增强，应将原来集中养在一二层的幼雏分散到下层各层笼去。分雏时一般将弱小雏留在原先养的笼内，较大、较壮的雏鸡提出，养到下层笼内。

（4）调整采食位置

雏鸡通过留在笼门的长孔、纵栅间隔或前网与料槽的间隔来采食。随着雏鸡的长大，每隔 5～10 天，根据育雏笼前网箱门的采食空挡调整采食位置，使雏鸡既能方便地伸颈到笼外采食，又不能钻出笼外。

（5）捉回地面雏鸡

笼养育雏过程，如鸡群不整齐，有大有小，小雏则经常钻出笼外；饲养员在喂料、喂水、接种疫苗、断喙时如操作不够细心，雏鸡也常钻出笼外。在地面活动的雏鸡给卫生与管理工作带来不少问题，如育雏舍地面潮湿，还会导致球虫病等发生。因此，笼养育雏应及时将逃雏捉回笼内。这可利用雏鸡的趋光性与合群性，在夜间开灯撒料，待雏鸡聚在灯下采食时，进行捕捉。

笼养育雏其他饲养管理措施和平养育雏一样。

11. 不同季节雏鸡的管理有什么特点?

(1) 春季育雏饲养管理特点

春季是养鸡黄金时间，但也是细菌繁殖旺盛的时节，应注意做好消毒工作。饲养人员、管理人员必须提高消毒防疫意识，进入鸡舍前必须严格消毒，穿工作靴、工作服、戴工作帽。定期清洗消毒饮水器和料槽，及时清粪。鸡舍每周带鸡消毒1次。鸡舍与周围环境要有3米消毒隔离带，进入鸡舍门口设有消毒池或消毒盆。雏鸡转栏后，应马上清洗消毒，空舍4～5周后方可进鸡。鸡舍温度要比正常时提高1℃左右。在保证鸡舍温度的前提下，要注意通风量。

(2) 夏季育雏饲养管理特点

夏季由于天气炎热，气温往往超过雏鸡生长发育的要求，给雏鸡饲养管理带来了很大的不便，会出现雏鸡采食量下降、增重大幅度下降、饲料转化率降低等现象。为避免以上情况，在饲养管理上应注意以下几点：

夏季气温较高，雏鸡饮水较多，排出的粪便较湿，另外进入雨季空气湿度较大，鸡舍内的潮气不易排出，发病率会大幅度增加。必须保持育雏舍内干燥。应打开鸡舍所有的进风口、排风口和风扇，加强通风，采取各种有效措施降低舍内温度。

受气温升高的影响，雏鸡往往采食不足。为了保证土鸡的采食量和增重速度，早晚凉爽时应增加喂料次数和给料量。在制定饲料配方时，应根据雏鸡的采食量，尽量提高日粮中粗蛋白质、钙、磷等各种营养物质的浓度，以保证雏鸡每日进食的各种营养物质能满足生长发育的需要。夏季气温较高，饲料要尽量少买勤买，尽量减少贮存时间。如必须贮存，要放在通风、干燥、凉爽的地方贮存，不要放在阴暗的地方贮存，更不要放在阳光直射下贮存，以免引起饲料发霉变质，以及脂类和多种维生素变质损失。

夏季雏鸡的饮水频率和饮水量必然增加，这样雏鸡的饮水质量就显得非常重要。为了保证水的质量，一定要做到饮水要勤换，供给雏鸡清洁凉爽的饮水，水槽每天至少要用消毒液刷洗1次。严禁供给不符合卫生标准的饮水。

夏季蚊、蝇等昆虫较多，由蚊、蝇引起疫病传播的可能性就会增大，因此，为了控制疫病的发生、传播和蔓延，一定要搞好灭蚊、灭蝇、灭虫工作。

夏季特别应注意减少各种应激因素。雏鸡转栏是整个饲养过程中的一个重要环节，夏季转栏时鸡笼装鸡不宜过多，以防雏鸡闷死。夏季应采取低密度饲养，以利于降温及土鸡的增重。此外，在饮水或饲料中添加0.3%的碳酸氢钠和0.02%维生素C有抗热应激作用。

（3）冬季育雏饲养管理特点

冬季气候寒冷，鸡舍内外温差大，舍内温度与鸡所需生理温度产生偏差。冬季饲养温度应比其他季节提高 $1\sim2℃$，鸡舍进鸡前提前 3 天预温。冬季鸡舍通风与保温相矛盾，所以，要利用好鸡舍气窗，及时排出氨气和硫化氢等气体，并在中午时打开阳面窗的主角（自上至下），根据舍内温度的高低确定开窗面积的大小；清粪工作应安排在下午 1 时左右为宜，以便及时通风，排出有害气体。要仔细检查鸡舍密封性，尤其防止鸡舍北墙或墙底部透风，常给鸡饮些姜汤。由于保温和通风相矛盾，舍内的空气很难达到清洁，容易诱发大肠杆菌病，应常给鸡饮消毒水，清洗肠道，并搞好舍内外的卫生。冬季风大寒冷、气候干燥，容易发生火灾，要仔细检查烟道、烟具、用电线路是否安全，排除一切火灾隐患。冬季取暖炉具多，易造成一氧化碳、二氧化碳含量增高，氧气含量降低，从而导致一氧化碳中毒。烟筒安装要避开主风向，不能倒烟，烟筒结合部不能漏烟。

12. 土鸡生长期转群应注意哪些问题？

生长期也称中鸡阶段。土鸡的生长期一般是指 $6\sim11$ 周龄。该期的生长强度虽比育雏期低些，但体重的增重仍较快，采食量不断增加，是骨骼和内脏器官生长发育的主要阶段。土鸡放养就是在雏鸡育雏脱温后将生长鸡放到野外去养。凡有荒滩、荒山、果林和树林的地方都可以用来放养。放养地要地势高燥、避风向阳、环境安静、饮水方便、无污染、无兽害。放养季节在南方以每年 $5\sim11$ 月为宜。雏鸡经过保温育雏阶段后，就要脱温转入中鸡（生长期）放养阶段。

什么时候转入中鸡放养阶段才合适呢？要从几方面考虑：一是雏鸡的长势，如果雏鸡发育正常健康，可以早些。二是看气候，冬春季节，天气寒冷，保温时间应长一些，而在夏秋季节，天气暖和，可以半个月开始转群放养。三是看雏鸡的饲养密度，密度大的应早些。

雏鸡转群放养时要注意如下事项：

放养以前，首先要停止人工给温，使鸡群适应外界气温。开始放养时应选择晴天在小范围进行试放养，每天放养 $2\sim4$ 小时，以后逐步扩大放养范围和延长放养时间，使鸡逐渐适应环境的变化。其次还要训练鸡群听到响音时就能聚集起来吃料，要求所有的鸡晚上都能回鸡舍。不能突然改变饲料，从用小鸡料到用中鸡料，甚至放养时用非常规的配合饲料，都要采用逐步过渡的办法，让鸡群有几天的过渡适应时间。鸡群在转群放养时，在一个新的环境条件下饲养，不可避免地产生对鸡不利的各种应激，导致鸡群的抗病能力下降，易感染各种疾病。为此，在转群放养的前后 3 天，最好在饲料或饮水中添加适量维生素。

此外，采用放养法饲养，要求鸡舍简易，严密而又轻便，能防兽害。根据鸡群大小和运动场面积，适当搭一些油毡棚，这对防止鸡群被雨淋、烈日暴晒、意外惊动等非常重要。油毡棚面积按每平方米容纳 10 只设置。

林地、果园养鸡密度以每 1/15 公顷（1 亩）果园放养 50～100 只为宜。果园内限定鸡群活动范围，可用丝网等围栏分区轮牧。果园放养周期一般 1 个月左右，这样鸡粪喂养果园小草、蚯蚓、昆虫等，给它们一个生息期，等下批鸡到来时又有较多的小草、蚯蚓等供鸡采食，如此往复形成生态食物链，可达到鸡、果双丰收。

从鸡舍转移到放养地，或从一个放养地转移到另一个放养地，都要在夜间进行。第 2 天要迟些放鸡，让其认舍；食槽和饮水盆应放在门口，让其熟悉环境。头 5 天仍按舍饲时的饲料量饲喂，以后早晨少喂，晚上喂饱，中午酌情补喂。

13. 果园、林地放养土鸡有哪些技术要点？

（1）建造隔离设施

在果园或林地周围要有隔离设施，可以建造围墙或设置篱笆，其目的是防止鸡到果园、林地以外活动。

（2）合理补饲

根据野生饲料资源情况，决定补饲量的多少。如果园或林地内杂草、昆虫较多，鸡觅食可以吃饱，傍晚在鸡舍的料槽内放置少量的配合饲料即可。如果白天吃不饱，在中午和傍晚需要在料槽内添加一些饲料，夜间再补饲 1 次。遇到大风或下雨的天气，鸡群不能到鸡舍外活动、采食，喂饲需要在鸡舍内进行。要饲喂全价配合饲料，还要注意饲喂足够的青绿饲料。

（3）观察鸡群表现

每天早晨把鸡放出鸡舍时，看鸡是否争先恐后地向鸡舍外跑，如果有个别的鸡行动迟缓或呆在舍内不愿出去，说明这些鸡的健康状况出现了问题，需要及时进行诊断和治疗。每天傍晚当鸡群回到鸡舍时，一方面看鸡只的数量有无明显减少，以决定是否到果园内寻找；另一方面看鸡的嗉囊是否充满食物，以决定补饲量的多少。

（4）避免不同日龄的鸡群混养

一片果园或林地内在一个时期最好只养一批土鸡。如果不同日龄的鸡群混养，则相互之间因为争斗、鸡病传播、生产措施不便于实施等原因，会影响到生产。如果想养两批鸡，最好是用尼龙网或篱笆把场地分隔成两部分，并有一定距离，减少相互之间的影响。

（5）减少意外伤亡和丢失

①防止野生动物为害。果园或林地一般都在野外，可能进入养鸡场内的野生动物很多，如黄鼠狼、老鼠、蛇、鹰、野狗等，这些野生动物都可能对土鸡造成危害。可以在鸡舍外面悬挂几个灯泡，使鸡舍外面通宵比较明亮；在鸡舍外面搭个小棚，养几只鹅，当有动静时，鹅会鸣叫，饲养人员可以及时起来查看；管理人员住在鸡舍旁边也有助于防止野生动物靠近。

②防止鸡群受惊吓。无论白天或是夜间，都应该尽可能防止鸡群受惊，一旦惊群，鸡只可能四处逃散，有的鸡会飞到养殖场外面，或晚上不愿回鸡舍而在园内栖息。

③防止农药中毒。果园为了防止病虫害需要在一定的时期喷洒药物，其中有的药物对鸡可能产生毒害。因此，在喷洒农药后的10天内应把鸡圈养在舍内，而且不能采集果园内喷药后的青绿饲料喂鸡。在外面采集青草也需要了解这些地方在近期内是否喷洒过农药，以保证安全。在选择果树品种时，优先考虑抗病、抗虫品种，尽量减少喷药次数。林地一般很少喷洒药物，可防止土鸡农药中毒。

④训练鸡群傍晚回鸡舍休息。个别土鸡找不到鸡舍、不愿回鸡舍，晚上栖息在果树上，而晚上鸡在舍外栖息容易受到伤害，应从小训练鸡群回舍休息的习惯。

14. 土鸡生长期日粮如何搭配？

在土鸡放养期间，为了保证鸡的正常生长发育，保持鸡肉风味不变，必须科学地搭配日粮，选择营养全面、适口性好、易于消化的中鸡全价颗粒料，再适当搭配其他的饲料。放养鸡喂料，除放养的第1周早晚在舍内喂饲、中餐在休息棚内补饲一次外，第2周起中餐可以免喂，喂饲量早餐由放养初期的足量减少至七成，6周龄以上的大鸡还可以降至六成甚至更低些，晚餐一定要吃饱。营养标准由放养初（第4~5周）的全部中鸡配合饲料逐步过渡至掺20%的完整谷粒或小麦等杂粮和10%~15%青绿饲料，这样人为地促使鸡在果园中寻找食物，以增加鸡的活动量，采食更多的有机物和营养物。

15. 土鸡放养期间如何养蚯蚓、育虫喂鸡？

中大土鸡在放养期间为节省饲料成本，可以因地制宜养蚯蚓、育虫喂鸡。养蚯蚓、育虫喂鸡，可充分利用农家的各种下脚料和废弃杂物以及一些廉价的农副产品，有利于环境保护和充分利用资源，降低养鸡成本，提高养鸡效益。

（1）蚯蚓

蚯蚓又称地龙，是一种低等动物。它营养丰富，蚯蚓干粉一般含粗蛋白质55％、粗脂肪9％、无氮浸出物8％、粗灰分22.5％，并含有丰富的维生素。喂鸡可促进生长，是鸡的一种良好动物性蛋白质补充饲料，可以代替鱼粉使用。但最好经煮熟饲喂，以防感染气管交合线虫病。

目前我国农村已有许多地方大量繁殖良种蚯蚓，作为鸡的动物性蛋白质补充饲料，取得良好效果。家庭人工繁殖蚯蚓的方法有以下两种：

①三层循环深坑培育法。选择背阴潮湿，土质肥沃，距鸡场（舍）较近的地方，挖个深1米、宽1米、长1～4米的沟。先在沟底铺一层厚20厘米的腐熟畜禽粪，然后铺10～15厘米垫草，再铺10厘米厚的黑肥土。在每平方米的黑土上投放大蚯蚓10～20条。这样一层畜禽粪、一层垫草、一层黑肥土（投放蚯蚓）反复铺垫，直到填满后封土。经1个月左右即可开沟取出蚯蚓活食。开沟喂用时可将沟划成若干方块，根据鸡的用量，每天挖、每天喂，挖后继续培养，轮流喂用。

②三群分养法。将蚯蚓分成种子、繁殖和生产3群。选择粗壮、形状一致的大蚯蚓，组成专门提供良种用的种子群；用种子群的后代选优组成专门负责产卵的繁殖群；将繁殖群产的卵按顺序置于生产场，用此卵孵化出来的蚯蚓组成生产群。种子、繁殖的两群最好在室内多层搭架饲养。生产群无论露天、搭棚、室内均可。如为露天，以选择树林或果林底下为宜，不要挖坑，只需在地面上采取条状薄层加料、上加盖稻草或其他覆盖物的方法即可。清卵和捕蚯蚓采用向下翻动驱赶法，即第一步掀去覆盖物，第二步锄动饲料，第三步清去蚯蚓粪，第四步捕集蚯蚓。

（2）蛆虫

蛆虫营养丰富，蛋白质含量高，也是补充动物性蛋白质饲料的一种活食。其培育方法简便经济，很适合家庭养鸡。培育时间一般在清明以后，霜降以前较为适宜。当前常用的育虫方法如下：

①稀粥育虫法。选三小块地轮流在地上泼稀粥，然后用草等盖好，两天后尽生小虫子，轮流让鸡去吃虫子即可。注意防雨淋、防水浸。

②稻草育虫法。挖一宽0.6米、深0.3米的长方形土坑，将稻草切成6～7厘米长，用水煮1～2小时，捞出倒入坑内，上面盖上6～7厘米厚的污泥（水沟泥或塘泥等）、垃圾等。最后再用污泥实压，每天浇1盆洗米水。约过8天即生虫子，翻开让鸡啄食。食完后再盖好污泥等，照样浇洗米水，可继续生虫子。

③豆饼育虫法。把少量豆饼敲碎后与豆腐渣一起发酵，发酵好后再与秕谷、树叶等混合，放入20～30厘米深的土坑内，上面盖一层稀污泥，再用草等盖严实。过6～7天即生虫子。

④豆腐渣育虫法。把1～2千克豆腐渣倒入缸内，再倒入一些洗米水，盖好缸口，过5～6天即生虫子，再过3～4天即可让鸡采食。用6只缸轮流育虫可满足50只鸡的需要。

⑤腐草育虫法。在较肥沃的地块挖宽1.5米、长1.8米、深0.5米的土坑。底铺一层稻草，其上铺一层豆腐渣，然后再盖层牛粪，粪上盖一层污泥。如此铺至坑满为止，最后盖层草。经1周左右即生虫子。

⑥牛粪育虫法。在牛粪中加入10％米糠和5％麦糠，拌匀，堆在阴凉处，上盖杂草、秸秆等，最后用污泥密封。约经过20天即生虫子。

⑦杂物育虫法。将鲜牛粪、鸡毛、杂草、杂粪等易生虫子物混合加水调成糊状，堆成1米高、1.5米宽、3米长的土堆，堆顶部及四周用稀泥抹一层，堆顶部再用草等盖好，以防太阳晒干。过7～15天即生虫子。

⑧麦糠育虫法。在庭院角落堆放两堆麦糠，分别用草泥（碎草与稀泥混合而成）糊起来，数天后即生虫子。轮流让鸡采食虫子，食完后再将麦糠等集中起来堆成堆，又可生虫子。

⑨猪粪发酵育虫法。每500千克猪粪晒至七成干后，加入20％肥泥和3％麦糠或米糠拌匀，堆成堆后用塑料薄膜封严发酵7天左右。挖一深50厘米土坑，将以上发酵料平铺于坑（厚30～40厘米），上用青草、草帘、麻袋等盖好，保持潮湿，经20天左右即能生成大蛆虫。

16.土鸡放养期间如何防御天敌？

放养的中小鸡个体小，无自卫和防御能力，而它的天敌又可从天空、地上来伤害它，因此防御和消除鸡的天敌是土鸡放养管理中一项重要工作。

（1）老鼠

鼠类是人畜共患病病原的重要宿主。它繁殖快，分布广，不仅能通过其粪尿和皮毛污染或携带蚤、螨等体外寄生虫，将病原传播给人和畜禽，且会窃食粮食饲料，损坏器物用具，咬鸡偷蛋，给鸡场造成严重损失。因此，鼠害往往成为养鸡场的一个突出问题。根据各地经验，消灭鸡场鼠害必须既治本又治标，采取打歼灭战的办法进行全面防治。无论在舍内育雏期间，还是在放养期间，老鼠都是小鸡的主要天敌。老鼠常把雏鸡咬死，吃其脑汁、眼睛，吞食血液和内脏，或拖入洞内，慢慢蚕食。主要防治办法有以下几种：

①破坏鼠的生存条件，控制鼠类繁殖。鼠类食性杂，凡鼠能吃的一切东西

包括垃圾、粪便，都应严格藏好管好，以断老鼠食粮，控制其生存和繁殖。在养鸡场首先要把饲料藏好管好，袋装饲料要堆放整齐，离墙要有 10～15 厘米距离，离地面 50 厘米以上。仓库和栏舍地面不要散失饲料，已散落地面的要及时扫光藏好。雏鸡的尸体不要乱丢，最好深埋在老鼠不能去的地方，不然它们吃惯了死雏就会捕食活雏。

②清理环境，填塞鼠洞。养鸡场内物品要经常保持整齐、清洁和卫生，使鼠类无处躲藏。鼠类常常在建筑物外（包括栏舍、仓库和场围墙外）建巢作窝，然后通过各种通道进入场内、舍内和库内。因此，对场内下水道、通风口等管道周围的空隙，要严密堵塞。对下水道出口应安上防鼠板，以阻止鼠类通过。也可用石头、砖块紧塞于洞口。

③安装打鼠夹、捕鼠弓、捕鼠箱、电子捕鼠器。也可养猫，以捕食或吓走老鼠。

④实行药物灭鼠。药物灭鼠方法简便，短期即可收效，成本低，灭鼠率高，适合大面积灭鼠。但必须有计划、有组织地周密进行，采取打歼灭战的办法，即集中时间、全面投药、药量充足，达到全歼的目的。

选配好毒饵：毒饵一般由灭鼠药和食饵组成。目前常用的灭鼠药很多，急性灭鼠药有磷化锌、安安、灭鼠宁、毒鼠磷、澳敌隆等；慢性灭鼠药有敌鼠钠盐和杀鼠灵等。食饵在南方用稻谷、北方可用麦类，较为廉价方便。鸡场的灭鼠药物以敌鼠钠盐较理想。它是一种无臭无味的黄色粉末，鼠吞食后，能破坏其血液中凝血酶原的合成，造成内脏出血，机体缺氧而死。对鼠类适口性好，用药量少，成本低，毒效高，而对禽类毒力弱，比较安全。通常配制成 0.2% 敌鼠钠盐稻谷应用，也可采用 0.025% 或 0.05% 低浓度毒饵多次投药灭鼠。投药后第 3 天起发现鼠尸，4～6 天内死鼠达高峰。

摸清鼠类数量及其活动路线：对准鼠路、鼠洞，施放毒饵。通常鼠类多栖息在舍外隐蔽地或屋顶处，少数在舍内打洞筑巢。在摸清鼠的分布和鼠路、鼠洞后，实行全面布毒，内外夹攻，即鸡舍内、舍外以及生活区、办公室和鸡场周围 500 米范围内的农田、荒地山林和居民点都同时布毒。药量投足 3 天量，按鼠路每隔 2～3 米放一堆，每堆 30～50 克。放毒 3 天后检查被食情况，吃了的补足，没吃的转移到吃了的地方去。

检查效果清理现场：布毒 3～4 天后要经常捡收死鼠，加以处理。结束时要全面打扫消毒，堵塞鼠路。如此隔期进行，就可达到全歼鼠害的目的。

（2）鹰和鹞

鹰和鹞都是野猛禽，它们不仅捕食雏鸡，也捕食中鸡和大鸡。晴天多见鹰危害，阴雨天多见鹞危害，冬天的危害程度又较其他季节严重。土鸡在林地、山地、果园、荒坡地等放养时，饲养员应根据各地情况，经常注意天空，如有猛禽危害，即挥篙大声吆喝，指挥牧犬疾速追赶，或配合猎人猎捕。

（3）黄鼠狼、野猫等

黄鼠狼、野猫等多在夜间危害鸡群，可在窗户上安装渔网或铁丝网，或者养狗来防止侵害。

17. 土鸡生长期为何要公母分群饲养？

公母鸡由于生理基础不同，对生活条件、日粮的营养水平的要求和反应，以及饲养阶段划分和生长速度也不同。一般公雏羽毛长得较慢，易受环境的影响，争斗性也强，同时对蛋白质及其中的赖氨酸等的利用率较高，因而增重快，饲料效率高。此外，公鸡个大体壮，竞食能力强。母鸡由于内分泌激素的作用，沉积脂肪能力强，而增重慢，饲料效率差。公母混群饲养时，公母体重相差达300～500克；分群饲养一般只差125～250克。因此，公母分养，各自在适当的日龄上市，便于实行不同的饲养管理制度，有利于提高增重、饲料效率和整齐度，以及降低残次品率。

18. 土鸡生长期日常管理要点有哪些？

鸡舍（场）门口设立消毒用的脚盆及手盆，经常检查消毒盆内的消毒药物是否有效，是否应该更换或添加。进门换鞋，穿上工作服后方可进入鸡舍。

观察鸡群状态、活动规律、健康状况、温度是否适宜；有无精神不振、呆立缩脖、翅膀下垂、羽毛松乱、食欲不振、呆立一旁的鸡；有无脚部患病，站立不起来的鸡；有无死鸡等。观察鸡群采食饮水情况：健康鸡食欲旺盛，采食迅速，饮水正常；病鸡挑食、拒食，或频频饮水。仔细观察粪便是否正常，有无拉稀、绿便或便中带血等异常现象。将病弱鸡隔离治疗，加强饲养管理工作，促使鸡群整齐一致。

检查饮水器是否有水，饮水是否清洁，饮水器是否洒水，饮水器高度是否比料桶低。检查料桶是否干净，料桶内是否有料。料桶高度是否合适（与鸡背平），饲料是否充足，饲料浪费是否严重。中鸡的生长较快，且有挑食的习性，很容易把饲料槽中的饲料撒到槽外，造成污染和浪费。为了避免饲料的浪费，一方面应随着鸡的生长而更换饲料器，即由小鸡食槽换为中鸡食槽；另一方面应随着鸡只的增长，升高饲料槽的高度，保持饲料槽与鸡的背部等高。

土鸡放养期间要注意天气预报，以免鸡被雨淋而受凉或遭受意外。雨后要注意放养场低处不能有积水。

在果林放养，当果树打农药时，要注意风向。为避免鸡吃死虫，隔离饲养几天。

检查有无啄癖现象发生。如有被啄鸡应及时挑出，涂上紫药水，并分析原因，消除发病因素。按时接种疫苗，严格执行免疫操作规程，检查免疫效果。根据疫情要求，做好预防性投药。检查用药是否合理，用量是否准确，搅拌是否均匀。

加强夜间值班工作，细听有无呼吸系统疾病，鸡群是否安静，防止意外事故发生。每天做好各项记录，如耗料量、用药、鸡病情况、死亡鸡数量、湿度、密度等。

19. 土鸡养殖后期为何要提高日粮的能量浓度？

土鸡育肥期通常是指 12 周龄后到上市前这一阶段，即土鸡生长的后期。此期饲养目标是促进鸡体内脂肪沉积，增加肉鸡的肥度，改善肉质和羽毛的光泽度，以适时上市。

随着土鸡的日龄增长，体内增长的主要组织和中鸡阶段有很大差别，由发育骨骼、内脏、羽毛到长肉和沉积脂肪。土鸡沉积适度的脂肪可改善鸡肉质，提高商品屠体外观的美感，是上市所要求的。因此此期在饲料配合上，一般应提高日粮的代谢能，相对减少蛋白质的含量，土鸡育肥期的能量水平一般要求 12.0～12.9 兆焦/千克，粗蛋白质含量在 15% 左右便可。

20. 公鸡如何去势育肥？

地方品种的小公鸡性成熟相对较早，通过阉割去势再进行育肥，是我国民间的传统习惯，在许多地区农村至今仍然保持这个传统习惯。小公鸡去势可以避免公鸡性成熟过早，引起追母鸡、争斗、抢食料等，以免小公鸡肥度迅速下降，肉质也跟着下降，影响经济效益。阉鸡的特点是，除去小公鸡的睾丸以后，雄性生长优势消失了，生长期变长，同时沉积脂肪的能力也增强。因此，阉鸡的肌间脂肪和皮下脂肪增多，肌纤维细嫩，风味独特。烹制的阉鸡，肉味鲜美，肉质嫩滑可口。同时土鸡的阉鸡养成后，其体重比同种正常公鸡体重大，载肉量多，深受消费者欢迎。

（1）小公鸡去势方法

一种方法是：在鸡的最后一个肋间，距背中线 1 厘米处，顺肋间方向开口 1 厘米左右。用弓弦法将切口张开，再用铁丝将一根马尾导入腹腔，用马尾将睾丸系膜与背部的联结处捆扎，拉断系膜，使睾丸脱落取出。取出一个睾丸后再取另一个睾丸，必须把睾丸全部取出。如果切口小可不用缝合；切口大则需要缝合。另一种办法是：用小公鸡去势钳，将去势钳从切口伸入，转动 90°，用钳嘴压迫肠道；看见睾丸后，张开钳嘴，把睾丸夹住，夹断睾丸系膜，取出睾丸。公鸡睾丸较大时不宜采用去势钳。

（2）阉鸡注意事项

①适时阉割。小公鸡阉割日龄大小会影响阉鸡的成活率和阉割难易程度。过迟过大阉割，鸡出血量增加，死亡率高；过早过小阉割，由于睾丸发育不成熟，睾丸过小，难以操作。故要适时阉割。一般认为地方品种土鸡在体重1千克左右时阉割较为合适。

②选择适当的气候条件。公鸡刚阉割后抵抗力显著下降，在恶劣的气候条件下（如下雨、潮湿、寒冷），很容易得病或造成伤口感染，死亡率增加。所以公鸡阉割时应选择天气晴朗、暖和的日子进行。

③做好公鸡阉割前后的准备和护理工作。在阉割的前一天晚上，将要阉割的公鸡选出，关在笼里，防止手术前抓鸡追赶引起应激反应。为了减少公鸡在阉割期间流血，在阉割前后1周内最好在每千克饲料中添加5毫克的维生素K_3。手术后，为了减少伤口感染，可在饲料或饮水中加适量的抗生素。此外，应做好阉割公鸡的护理工作，10天内不准放养，应笼养或在清洁、干爽、安静的地方栏养，喂给易消化的饲料，注意不要喂得过饱；手术后注意观察，如发现阉鸡皮下有胀气，可采用针刺放气处理，并投喂抗生素。

21. 土鸡养殖后期有哪些育肥措施？

鸡体的脂肪含量与分布是影响鸡肉质风味的重要因素。土鸡富含脂肪，鸡味浓郁，肉质嫩滑。鸡体的脂肪含量可通过测量肌间脂肪、皮下脂肪和腹脂作判断。一般来说，肌间脂肪宽度为0.5～1.0厘米，皮下脂肪的厚度为0.3～0.5厘米，表明鸡的肥度适中；在该范围下限为偏瘦；在该范围上限为过肥。脂肪的沉积与鸡的品种、营养水平、日龄、性成熟期、管理条件、气候等因素有密切关系。土鸡都具有较好的育肥性能，一般在上市前都需要进行适度的育肥，这是土鸡上市的一个重要条件。土鸡的育肥，主要采取以下措施：

①土鸡应在生长高峰期后、上市前15～20天，开始育肥。

②提高日粮的能量浓度和脂肪含量，相对减低蛋白质含量，其营养要求达到代谢能12.0～12.9兆焦/千克，粗蛋白质在15%左右。如饲养地方品种，可供给富含淀粉的玉米、红薯、木薯和大米饭等饲料。

③育肥的土鸡应限制其活动，最好采用笼养。

④提高饲料的适口性，炎热干燥天气应将饲料改为湿喂，使鸡只采食更多的饲料。

⑤育肥的鸡舍环境应阴凉干燥，光照强度低。

22. 如何减少土鸡养殖过程的饲料浪费?

饲料是土鸡生产中的最主要成本,通常占总成本的 70%~80%。减少饲料浪费,提高饲料利用率,就能较大地降低生产成本,提高经济效益。减少饲料浪费从如下环节着手:

①使用的料槽或料桶结构合理,大小适中,料槽或料桶放置的高度适中,与鸡背部平或稍高于鸡的背部(约 2 厘米以内)。

②一次给料不能太多,以不超过料槽深度的 1/3 为宜。雏鸡最好采用碎粒,中大鸡用颗粒料,颗粒的直径 0.3~0.5 厘米、长度 0.8 厘米。

③最好采用定期给水,减少饲料在饮水中的浪费。

④断喙有利于减少饲料浪费。

⑤注意饲料的贮藏保管,防止野鸟或老鼠损耗饲料。

23. 如何确定生态养殖土鸡的适宜上市日龄?

土鸡随着日龄的增长,其生长强度逐渐减弱,饲料转化率也逐渐下降,但是土鸡的肉质风味又与其饲养的日龄长短及性成熟的程度有关,所以土鸡饲养的上市日龄应根据土鸡的种类、饲养方式、日粮的营养水平、气候条件、性发育程度、市场的价格综合确定适宜的上市日龄。土鸡生态养殖方式饲养一般在130~180 日龄上市,不宜超过 300 日龄。

24. 生态养殖的土鸡如何减少售鸡应激?

对于小型土鸡饲养场而言,其饲养的土鸡销售方法是小商贩每天到场抓鸡贩卖,每一次抓鸡都会造成惊群应激,从而影响育肥后期的生长,并有可能由小商贩及抓鸡用具机械传播疾病。销售抓鸡应在天亮前进行,用红色光照,抓鸡动作要小心,避免折断脚、翅;每幢鸡舍另开一小间,每天将次日要出售的鸡关入该间,从而减少对全群鸡的应激反应。

五、土鸡疾病综合防治措施

1. 土鸡有哪些常见疾病?

土鸡的疾病按其发生原因不同,一般可分为传染病、寄生虫病和普通病三大类。传染病是由一定的病原微生物(细菌、病毒等)侵入鸡体内生长繁殖,破坏鸡的机体正常生理功能,并能在鸡群中广泛传播,引起其他易感鸡发生相同疾病的一类疾病,如鸡新城疫、禽霍乱等。寄生虫病是由某种寄生虫侵袭鸡体后引起的疾病,也能在鸡群中传播、蔓延,使其他健康鸡发病,如球虫病、住白虫病等。普通病是由各种刺激物的作用以及饲料中某些营养素的缺乏或含有某种有毒物质而引起的疾病。普通病不会传染,但在集中饲养的情况下,可能会造成鸡大批发病,如维生素缺乏症、食盐中毒、黄曲霉毒素中毒等。

2. 土鸡的传染病是如何发生的?

凡是由病原微生物引起,具有一定的潜伏期和临床症状,并具有传染性的疾病称为传染病。传染病的发生,必须具备传染源、传染途径和易感鸡群3个要素。打破、切断和消除这3个环节中的任何一个环节,传染病就会停止流行。

传染源:即病原微生物的来源。主要传染源是病鸡和带菌(毒)的鸡。病鸡不仅体内有病原微生物繁殖,而且通过各种排泄物将病原微生物排出体外,传播扩散,使健康鸡群感染发病。带菌(毒)的隐性感染鸡,由于缺乏病症,不被人们注意,往往会被认为是健康鸡,这样危险就更大,容易造成大面积的传染。另外,患传染病鸡的尸体如处理不当和带菌(毒)的鸟、鼠等,也是散播病原微生物的重要传染源。某种病原微生物侵入鸡体后,必然引起鸡体防卫系统的抵抗,其结果必然出现以下3种情况:一是病原微生物被消灭,没有形成感染;二是病原微生物在鸡体内的某些部位定居并大量繁殖,引起病理变化和症状,也就是引起发病,称为显性感染;三是病原微生物与鸡体防卫力量处于相对平衡状态,病原微生物能够在鸡体某些部位定居,进行少量繁殖,有时也引起比较轻微的病理变化，但没有引起症状，也就是没有引起发病，称为隐性感染。有些隐性感染的鸡是健康带菌、带毒者，会较长期地排出病菌、病毒，成为易被忽视的传染源。

传染途径：鸡传染病的病原微生物，由传染源向外传播的途径有 3 种，即垂直传播、孵化器内传播和水平传播。垂直传播：也叫经蛋传递，是种鸡感染了（包括隐性感染）某些传染病时，体内的病菌或病毒侵入种蛋内部，传播给下一代雏鸡。能垂直传播的鸡病有沙门菌病（白痢、伤寒、副伤寒）、霉形体病、鸡大肠杆菌病、鸡脑脊髓炎、鸡白血病等。孵化器内传播：孵化器内的温度、湿度非常适宜于细菌繁殖，而蛋壳上的气孔比一般细菌大数倍，所以有鞭毛、能运动的细菌，特别是鸡副伤寒病菌、大肠杆菌等，当其存在于蛋壳表面时，在孵化期间即侵入蛋内，使胚胎感染。另外，一些存在于蛋壳表面的病毒和病菌，虽然一般不进入蛋内，但雏鸡一出壳时，即由呼吸道等途径入侵体内。水平传播：是病原微生物通过各种媒介在同群鸡之间和地区之间的传播。这种传播方式面广量大，媒介物也很多。同群鸡之间的传播媒介主要是饲料、饮水、空气中的飞沫与灰尘等，远距离传播的媒介通常是鸡舍内清除出去的垫料和粪便、运鸡运蛋的器具和车辆、在各鸡场之间周转的饲料包装袋及工作人员的衣物等。

鸡的易感性：鸡由于品种、日龄、免疫状况及体质强弱等情况不同，对各种传染病的易感性有很大差别。如雏鸡对白痢、脑脊髓炎等病易感性高，成年鸡则对禽霍乱易感性高。鸡群接种过某种传染病的疫苗后，产生了对该病的免疫力，易感性即大大降低。当鸡群对某种传染病处于易感状态时，如果体质健壮，也有一定的抵抗力。

传染病的显性感染发病过程，可分为以下 4 个阶段。潜伏期：病原微生物侵入鸡体后，必须繁殖到一定数量才能引起症状，这段时间称为潜伏期。潜伏期的长短，与入侵的病原微生物的毒力、数量及鸡体抵抗力强弱等因素有关。前驱期：是发病的征兆期，表现出精神不振、食欲减退、体温升高等一般症状，尚未表现出该病特征性症状。前驱期一般只有数小时至 1 天多。某些最急性的传染病，如最急性禽霍乱等，没有前驱期。明显期：此时病情发展到高峰阶段，表现出该病的特征性症状。前驱期与明显期合称为病程。急性传染病的病程一般为数天至 2 周，慢性传染病可达数月。转归期：即疾病发展到结局阶段，病鸡有的死亡，有的恢复健康。康复鸡在一定时期内对该病具有免疫力，但体内仍残存并向外排放该病的病原微生物，成为健康带菌或带毒鸡。

3. 土鸡疾病有哪些综合性防治措施?

土鸡生态放养时的疾病综合性防治措施包括：鸡场选址要符合防疫要求，鸡场布局、鸡舍结构、放养场选择要合理；坚持消毒制度，消灭病原体；选择生产性能好、体格健壮、适合放养的土鸡饲养；实行"全进全出"制度，进行专一的生产；供给足够的营养，控制合理的饲养密度，保证适宜的环境条件，减少鸡群应激反应；注意放养安全，重视鸡场放养环境的净化；适时接种疫苗，增强免疫力，合理使用药物，建立兽医疫情处理制度。

4. 鸡场常用的消毒方法有哪些?

（1）物理消毒

物理消毒是指通过机械性清扫、冲洗、通风换气、高温、干燥、照射等物理方法，对环境和物品中病原体的清除或杀灭。

①机械性清除。采取清扫、洗刷、通风等方法清除病原体，是最普通、常用的方法。搬出棚舍内的设备，彻底清除舍中所有粪便、垫草、饲料残渣并运至远离棚舍的安全区，然后还要对鸡舍进行铲刮、冲洗，除净积聚的污垢。应注意，机械性清除不能达到彻底消毒目的，必须配合其他消毒方法进行：清扫出来的污物，根据病原体的性质，进行堆沤发酵、掩埋、焚烧或其他药物处理；清扫后的鸡舍地面还需喷洒化学消毒药或结合其他方法，才能将残留病原体消灭。

②日光、紫外线辐射。日光暴晒是一种最经济、有效的消毒方法，通过其光谱中的紫外线以及热量和干燥等因素的作用能够直接杀灭多种病原微生物。在直射日光下经过几分钟至几小时可杀死病毒和非芽孢性病原菌，反复暴晒还可使带芽孢的菌体变弱或失活。

③高温灭菌。通过热力学作用导致病原微生物中的蛋白质和核酸变性，最终引起病原体失去生物学活性的过程。它通常分为干热灭菌法和湿热灭菌法。鸡场消毒常用火焰烧灼灭菌法。

火焰烧灼：该法常用于处理病鸡相关的废弃物和病死鸡，直接用火焰焚烧。有时也可用火焰喷烧污染的鸡舍、地面、笼具等。

煮沸消毒：常用的简单、有效的方法。大部分非芽孢病原微生物在100℃沸水中迅速死亡，大多数芽孢在煮沸后15～30分钟内亦能致死，煮沸1～2小时可消灭所有病原体。临床实践常用于对各种小金属、木质、玻璃用具、衣服等的消毒。在水中加入少量的化学药品（如1％～2％的苏打）可增强杀菌力。

蒸气消毒：利用相对湿度在80％～100％的热空气携带热量，遇被消毒物品凝结成水、释放大量热能而达到消毒目的。在农村就可用铁锅和蒸笼进行。临床上有流动蒸气和高压蒸气两种。该法可用于消毒棉织物品和不怕受热受潮的物品，如注射器、针头等。

（2）化学消毒

在疫病防治过程中，常常利用各种化学消毒剂对被病原微生物污染的场所、物品等进行清洗、浸泡、喷洒、熏蒸，以达到杀灭病原体的目的。消毒剂是消灭病原体或使其失去活性的一种药剂或物质。各种消毒剂对病原微生物具有广泛的杀伤作用，但有些消毒剂也可破坏宿主的组织细胞。因此，通常仅用于环境的消毒。

（3）生物热消毒

生物热消毒是指通过堆积发酵、沉淀池发酵、沼气池发酵等产热或产酸，以杀灭粪便、污水、垃圾及垫草等内部病原体的方法。在发酵过程中，由于粪便、污物等内部微生物产生的热量可使温度上升达 70℃ 以上，经过一段时间后便可杀死病毒、病原菌、寄生虫卵等病原体，从而达到消毒的目的。同时发酵过程还可改善粪便的肥效，所以生物热消毒在各地的应用非常广泛。

5. 鸡场如何选择消毒剂？

临床实践中常用的消毒剂种类很多，根据其化学特性分为酚类、醛类、醇类、酸类、碱类、氯制剂、氧化剂、碘制剂、染料类、重金属盐和表面活性剂等，有效、经济的消毒须认真选择适用的消毒剂。优质消毒剂应符合以下各项要求：

①消毒力强、药效迅速，短时间即可达到预定的消毒目标，且药效持续的时间长。

②消毒作用广泛，可杀灭细菌、病毒、霉菌等有害微生物。

③可用各种方法进行消毒，如饮水、喷雾、洗涤、冲刷等。

④渗透力强，能透入裂隙及鸡粪、尘土等各种有机物内杀灭病原体。

⑤易溶于水，不因水质硬度和环境中酸碱度变化而影响药效。

⑥性质稳定，不受光、热影响，长期存贮效力不减。

⑦对人畜安全、无臭、无刺激性、无腐蚀性、无毒性、无不良副作用。

⑧经济，低浓度也能保证药效。

6. 鸡场常用消毒剂有哪些？

鸡场常用消毒剂及用法见表5-1。

表 5-1　鸡场常用消毒剂及用法

药　名	用　途	用法及用量
甲酚皂	消毒鸡舍、器具等，外用于工作人员的手和皮肤消毒	5%溶液用于环境、用具喷洒消毒，2%溶液用于手及皮肤消毒
氢氧化钠	杀菌及消毒作用较强，用于鸡舍、运动场、排泄物、塑料食槽、饮水器的消毒，对金属、人体和动物体有腐蚀作用	配成2%溶液泼洒及浸非金属用具
福尔马林	用于鸡舍、工具、孵化器及种蛋熏蒸消毒	每立方米消毒空间用福尔马林30毫升加15克高锰酸钾，鸡舍及用具熏蒸24小时，种蛋熏蒸25分钟。也可以用福尔马林直接加热熏蒸
氧化钙	用于鸡舍、运动场、道路、排泄物等消毒	配成10%～20%石灰乳剂喷洒消毒
漂白粉	用于鸡舍、用具、排泄物及饮水消毒	每吨水加10克漂白粉作为饮水消毒。配成5%～10%溶液用于鸡舍、用具及排泄物等消毒
苯扎溴铵	用于人手和皮肤、种蛋、用具消毒，忌与肥皂、盐类相混	配成0.1%～0.2%溶液用于喷洒、洗涤消毒
过氧乙酸	用于鸡的体表、用具、尸体、污染物消毒，杀菌力强，对芽胞、真菌有一定的作用	配成0.2%～0.5%溶液用于喷洒、洗涤消毒
高锰酸钾	用于冲洗外伤和饮水等消毒	0.01%～0.02%的溶液饮服可预防肠道传染病，0.05%～0.1%的溶液可作为创伤或黏膜洗涤消毒
10%癸甲溴铵	用于饮水、鸡舍、环境、用具、种蛋等消毒	0.0025%～0.005%饮水消毒；0.015%鸡体消毒；0.05%～0.1%环境、用具消毒
复合酚	用于鸡舍内外环境及用具消毒	0.3%～1.0%浓度用于环境或用具喷洒、洗涤消毒

7. 保证鸡场消毒效果的措施有哪些?

保证消毒效果最主要的是用有效浓度的消毒药直接与病原体接触。一般的消毒药会因有机物的存在而影响药效。因此，消毒之前必须尽量去掉有机物等，为此，须采取以下一些措施：

（1）清除污物

当病原体所处的环境中含有大量的有机物如粪便、脓汁、血液及其他分泌物、排泄物时，由于病原体受到有机物的机械性保护，大量的消毒剂与这些有机物结合，消毒的效果将大幅度降低。所以，在对病原体污染场所、污物等消毒时，要求首先清除环境中的杂物和污物，经彻底冲刷、洗涤完毕后再使用化学消毒剂。

（2）消毒药浓度要适当

在一定范围内，消毒剂的浓度愈大，消毒作用愈强，如大部分消毒剂在低浓度时只具有抑菌作用，浓度增加才具有杀菌作用。如稀释过量，达不到应有的浓度，则消毒效果不佳，甚至起不到消毒的作用。但消毒剂的浓度增加是有限度的，盲目增加其浓度并不一定能提高消毒效力，如70％的乙醇溶液的杀菌作用比无水乙醇强。

（3）针对微生物的种类选用消毒剂

微生物的形态结构及代谢方式不同，对消毒剂的反应也有差异。如革兰阳性菌较易与带阳离子的碱性染料、重金属盐类及去污剂结合而被灭活；细菌的芽孢不易渗入消毒剂，其抵抗力比繁殖体明显增强等。各种消毒剂的化学特性和化学结构不同，对微生物的作用机理及其代谢过程的影响有明显差异，因而消毒效果也不一致。

（4）作用的温度及时间要适当

温度升高可以增强消毒剂的杀菌能力，而缩短消毒所用的时间。如当环境温度提高10℃时，酚类消毒剂的消毒速度增加8倍以上，重金属盐类增加2～5倍。在其他条件都相同时，消毒剂与被消毒对象的作用时间愈长，消毒的效果愈好。

（5）控制环境湿度

熏蒸消毒时，湿度对消毒效果的影响很大，如过氧乙酸及甲醛熏蒸消毒时，环境的相对湿度以60％～80％为最好，湿度过低则大大降低消毒的效果。而多数情况下，环境湿度过高会影响消毒液的浓度，一般应在冲洗干燥后喷洒消毒液。

（6）消毒液酸碱度要合适

碘制剂、酸类、甲酚皂等阴离子消毒剂在酸性环境中的杀菌作用增强，而阳离子消毒剂如苯扎溴铵则在碱性环境中的杀菌力增强。

8. 如何进行鸡舍消毒？

鸡舍消毒是最有效清除前一批鸡饲养期间累积污染的措施，可为下一批鸡制造一个洁净的饲养环境。以"全进全出"制生产系统中的消毒为例，空栏消毒的程序通常为粪便、垫料、污物清除，高压水枪冲洗，消毒剂喷洒，干燥后熏蒸消毒或火焰消毒，再次喷洒消毒剂、清水冲洗，晾干后空置4～5周。

（1）粪污清除

鸡全部出舍后，将舍内的鸡粪、垫草、顶棚上的蜘蛛网、尘土等扫出鸡舍。平养地面黏着的鸡粪，可预先洒水，等其软化后再铲除。为方便冲洗，可先对鸡舍内部喷雾、润湿舍内四壁、顶棚及各种设备的外表。

（2）高压冲洗

将清扫后鸡舍内剩下的有机物去除，以提高消毒效果。冲洗前先将非防水灯头的灯用塑料布包严，然后用高压水龙头冲洗舍内所有的表面，不留残存物。彻底冲洗可显著减少细菌数。

（3）干燥

喷洒消毒药一定要在冲洗并充分干燥后进行。干燥可使舍内冲洗后残留的细菌数进一步减少，同时避免在湿润状态下消毒药浓度变稀，有碍药物的渗透，降低灭菌效果。

（4）喷洒消毒剂

消毒时应将所有门窗关闭。将消毒剂用喷雾器均匀喷洒鸡舍地面、墙壁、顶棚及设备表面。

（5）甲醛熏蒸

鸡舍干燥后进行熏蒸。熏蒸前将舍内所有的孔、缝、洞、隙用纸糊严，使整个鸡舍内不透气，每立方米空间用福尔马林40毫升、高锰酸钾20克（不用高锰酸钾也可以用加热熏蒸），密闭熏蒸24小时。

9. 鸡场设备用具如何消毒？

（1）料槽、饮水器

塑料制成的料槽与自流饮水器可先用水冲刷，洗净晒干后再用0.1％苯扎溴铵刷洗消毒。在鸡舍熏蒸前送回去，再经熏蒸消毒。

（2）蛋箱、蛋托

反复使用的蛋箱与蛋托，特别是送到销售点又返回的蛋箱，传染病原的危险很大，因此须严格消毒。用2％氢氧化钠热溶液浸泡与洗刷，晾干后再送回鸡舍。

（3）运鸡笼

送肉鸡到屠宰厂的运鸡笼，最好在屠宰厂消毒后再运回，否则应在鸡场场外设消毒点，将运回的鸡笼冲洗晒干再消毒。

10. 鸡场环境如何消毒?

消毒池:用2％氢氧化钠溶液,每天换1次;用0.2％苯扎溴铵,每3天换1次。大门前通过车辆的消毒池宽2米、长4米,水深在5厘米以上;人、自行车通过的消毒池宽1米、长2米,水深在3厘米以上。

鸡舍间的隙地:定期清洁卫生、喷洒消毒药。

生产区的道路:每天用0.2％次氯酸钠溶液等喷洒1次,如当天运鸡则在车辆通过后再消毒。

11. 鸡舍如何带鸡消毒?

鸡体是排出、附着、保存、传播病菌和病毒的根源,是污染源,也会污染环境。因此,须经常消毒。带鸡消毒多采用喷雾消毒。

(1)喷雾消毒的作用

喷雾消毒可杀死或减少鸡舍内空气中飘浮的病毒与细菌等,使鸡体体表(羽毛、皮肤)清洁。沉降鸡舍内飘浮的尘埃,抑制氨气的发生和吸附氨气,使鸡舍内较为清洁。

(2)喷雾消毒的方法

带鸡消毒的关键是选用杀菌作用强而对鸡无害的消毒药,要求吸入毒性小、刺激性小、皮肤吸收低,不影响毛质,不引起皮肤脱脂,在蛋、肉中不残留、不着臭、无异味,对笼具器材无腐蚀性等。目前常用的消毒药有0.1％苯扎溴铵、0.1％过氧乙酸等。带鸡消毒的效果主要受消毒药、喷雾粒子的大小和喷雾距离等影响。以喷雾的粒子直径80～100微米、喷雾的距离1～2米为好。操作时用电动喷雾装置,每平方米地面喷消毒剂60～180毫升,每隔1～2天喷1次。对雏鸡喷雾,药物溶液的温度要比育雏器供温的温度高3～4℃。当鸡群发生传染病时,每天消毒1～2次,连用3～5天。喷雾消毒时应注意环境及消毒液的温度必须与通风换气措施配合起来,以减少鸡应激反应,便于鸡体表及鸡舍干燥;喷雾量应根据鸡舍的构造、地面状况、天气条件适当增减。

12. 如何兼顾鸡的生理特点合理使用各类药物?

①鸡味蕾少,味觉不灵敏,食物在口腔内停留时间短,所以当鸡消化不良时,不宜使用苦味健胃药,而应当选用其他助消化药,如大蒜、醋酸等。利用鸡味觉反应迟钝这一特点,可通过在饲料中添加辣椒素等,使鸡皮肤和蛋黄着色。

②鸡无逆呕动作,所以鸡内服药物或其他毒物发生中毒时,不能使用催吐

的药物（如硫酸铜等）排除毒物，而应采用嗉囊切开手术，及时排除未被吸收的毒物。

③鸡肌胃有较坚实的角质膜，肌胃内一定数量的沙粒及其有节律性的收缩，使颗粒较大的食物得到磨碎，有助于食物消化和药物丸剂、片剂的崩解。

④鸡对饲料中的咸味无鉴别作用，所以在饲料中添加食盐时应严格按标准添加。鸡对氯化钠较为敏感，日粮中超过 0.5％易引起不良反应，小鸡饮用 0.9％食盐水，可在 5 天内致小鸡 100％死亡。鸡有挑食颗粒饲料的习性，饲料中添加氯化钠、碳酸氢钠、乳酸钠、丙酸钠时应严格控制其比例、粒度和搅拌均匀度，否则会引起下痢、脱水、血液浓缩等中毒症状，出现矿物质中毒。

⑤鸡的肠道长度与体长的比值较哺乳动物小，食物从胃进入肠后，在肠内停留的时间较短，食物中许多成分未经充分消化就随粪便排出体外。添加在饲料或饮水中药物也同样如此，有时较多的药物尚未被吸收进入血液循环就被排出体外，药效维持时间短。因此，在生产实际中，为了维护较长时间的药效，常常需要长时间或经常性添加药物才能达到目的。

⑥鸡有较好的嗅觉系统，会拒绝含有气味药物的饲料和饮水。

⑦鸡有 9 个气囊，它能增加肺通气量。同时，鸡的肺不像哺乳动物的肺那样扩张和收缩，而是气体经过鸡肺运行，并循肺内管道进出气囊。鸡呼吸系统的这种结构特点，可增大药物扩散面积，从而增加药物的吸收量。利用呼吸系统的这种特点，可以通过呼吸系统给药，如滴鼻和喷雾法投药，在实际应用中可取得很好的效果。

⑧鸡没有膀胱，尿在肾脏中生成后，经输尿管直接输送到泄殖腔，与粪便一起排出。鸡尿一般呈弱酸性（如鸡尿 pH 为 6.22～6.7）。磺胺类药物的代谢产物乙酰化磺胺在酸性尿液中会出现结晶，从而导致肾损伤，因此在应用磺胺类药物时，要适当添加一些碳酸氢钠，以减少乙酰化磺胺结晶，减轻对肾的损伤。鸡蛋白质代谢的主要终产物是尿酸，由于尿酸盐不易溶解，当饲料中蛋白质过高、维生素 A 缺乏、肾损伤（如鸡肾型传染性支气管炎等）时，大量的尿酸盐沉积于肾脏，甚至关节及其他内脏器表面，导致痛风。

⑨鸡肾小球结构简单，有效滤过面积小，对肌内注射后主要经肾脏排泄（80％）的链霉素表现得尤为敏感，临床上一般选用小剂量的庆大霉素为宜。由于排泄缓慢的原因，鸡肌注新霉素也极易发生中毒。

⑩鸡无汗腺，用解热镇痛药来解救热应激效果不理想。

⑪鸡对某些药物有特殊的敏感性，应用药物时必须慎重。鸡对抗胆碱酯酶的药物（如有机磷）非常敏感，容易中毒，所以鸡一般不能用敌百虫作驱虫药内服，即使外用也应十分注意，以免中毒。鸡对聚醚类抗生素，主要包括莫能

菌素、盐霉素、马杜霉素和拉沙菌素等，常用剂量的安全范围较窄，易产生毒性，这类药物禁止与泰妙菌素（支原净）合用。

13. 鸡用药物有哪些剂型？

（1）散剂和预混剂

散剂和预混剂是将一种或多种粉碎的药物均匀混合而制成的干燥粉末状剂型，又称粉剂。随着集约化养殖业的出现，很多药物如抗菌药、抗寄生虫药、维生素、矿物元素和中草药，通常就是先制成散剂再混入饲料而饲喂家禽的。混入饲料前的散剂，又称预混剂。因此，预混剂实质上是一种或几种药物与适宜基质均匀混合而成的散剂。预混的目的是为保证药物在饲料中能混合均匀。

（2）溶液剂

溶液剂指非挥发性药物的澄清溶液，其溶媒多为水，也有醇和油。常用水稀释后供家禽饮用，此种用途在家禽养殖中很普遍。

（3）可溶性粉剂

可溶性粉剂是近年来养殖业出现的一种新剂型，是药物与可溶性基质均匀混合而成的粉剂，用水溶解和稀释后供家禽饮用。类似于溶液剂，其用途多为防治疾病。一般而言，家禽患病后食欲减退而保持饮水欲，经饮水给药更便于控制群体疾病。

（4）注射剂

注射剂又叫针剂，是可注射用药物经过严密消毒或无菌操作制成的水溶液、油溶液、混悬剂、乳剂或粉剂。凡易溶于水、又不易分解变质的药物多制成水针剂，如葡萄糖注射剂；凡不易溶于水而易溶于油的药物，一般制成油针剂，如维生素 A、维生素 D 注射液。有些在溶液中不稳定，容易分解失效的药物，常制成粉针剂，临用时加入适当的灭菌溶剂，溶化后使用，如注射用青霉素 G 注射液等。

（5）微胶囊

微胶囊是将固体或液体药物包裹于天然或合成的高分子材料中而制成的微型胶囊。微胶囊可提高药效，增强药物的稳定性，或掩盖药物的不良气味等。维生素 A、维生素 E 常制成微胶囊，以避免氧化失效。根据应用的需要，微胶囊还可被制成其他剂型，如散剂或预混剂。

（6）片剂

片剂是将一种或多种药物与适量的赋形剂混合后，用压片机压制成扁平或上下稍凸起的小圆形片状制剂，主要供内服，如磺胺嘧啶片。小的药片可直接给家禽投服，大的则研碎后投服。对于个体较小的群体，这种方法十分经济、有效。

（7）气雾剂

气雾剂是将药物与抛射剂（液化气或压缩气体）共同封装于具有阀门系统的耐压容器中，使用时掀开阀门系统，借抛射剂的压力将药物喷出的制剂。供吸入给药、皮肤黏膜给药或空间消毒，适宜家禽的群体给药。

14. 生态养殖的土鸡如何合理用药？

药物具有二重性。一方面，它能提高家禽生产性能，防治家禽疾病，改善饲料利用率。另一方面，药物的不合理使用或滥用也有一些负面作用，如残留、耐药性、环境污染等公害，影响养殖业乃至人类社会的持续发展。

（1）化疗药物的合理应用

化疗药物包括抗菌药和抗寄生虫药，有的是微生物发酵生成的抗生素，有的是化学合成的产品。饲料中低浓度连续使用抗生素，能明显改善家禽的增重率和饲料的利用率，但用药不恰当，就能产生公害。因此，药物的使用要注意以下问题：

①选用正确的药物。每种药物都有其适用范围。例如，青霉素类主要抗革兰阳性菌，氨基糖苷类主要抗革兰阴性菌，四环素类和磺胺类抗菌范围较广，对革兰阴性菌和阳性菌都有作用，但只是抑菌作用而不是杀菌作用。大多数抗球虫药虽然对艾美耳球虫有抑制作用，但氨丙啉只对寄生于盲肠的球虫有效，对防治蛋鸡的球虫病效果较好。药物的品种选择不当，不仅收不到应有的效果，反而还会引发病原的耐药性。一般来说，凡不须使用抗菌药物的就不要使用，如病毒性感染；凡用一种药物能解决问题的，就不要用多种；凡窄谱抗菌药物就能起作用的，就不用广谱药物。

②确定合适的剂量。抗菌药物的剂量对保证用药效果，防止不良反应十分重要。剂量过小，达不到用药效果；剂量过大，则导致胃肠道常在菌群失调，引起消化功能紊乱。抗菌药物一般都有防治疾病和促进生长的双重作用，剂量不同，作用也不同。以金霉素为例，治疗疾病，每吨饲料添加100～200克；预防疾病，添加50～100克；促进生长，添加10～50克。

③严格掌握用药的时机和期限。在疾病发生过程中，抗菌药物一般在发病的初期和急性期使用，效果较好。抗菌药物还在用药的期限上有要求，大多数抗菌药物要求在家禽或其产品上市前1～2周内停止使用，否则将导致药物在鸡产品中发生残留。

④采用交叉式用药。指将对病原生物易产生耐药性的药物有计划地在饲料（或饮水）中交替使用。包括轮换式用药（如一种药物连续使用几个月后，改

用另一种药物)、穿梭式用药（在鸡生长的不同阶段，分别使用不同的药物）、轮换式与穿梭式结合使用等具体方式。此类方式对于抗球虫药尤为重要。每种抗球虫药长期使用都会产生耐药性，药效会越来越差，而研制开发新药，费用巨大。目前普遍采用的方式是，每种抗球虫药在同一养殖场的使用时间一般都不超过2周，然后更换为另一种抗球虫药。这能有效地避免球虫对药物产生耐药性。

⑤科学地联合用药。对于严重感染（如菌血症或败血症）、混合感染（如革兰阴性菌和阳性菌同时感染）、继发感染或二重感染、某药单用会发生抗药性等情况，可将两种抗菌药物合用，以增强药物的效果，扩大适应证，降低毒副作用和防止耐药性发生。一般青霉素类与氨基糖苷类、磺胺类与抗菌增效剂合用，会产生协同作用，应选这些药物合用。其他抗菌药物之间合用，有些可能有相加作用，但大多数可能会发生颉颃作用。因此，一般不提倡合用。

（2）营养性药物的合理使用

在集约化养殖条件下，使用维生素和微量元素的目的，在于弥补基础饲料中营养成分的不足，或使各种营养成分得以平衡，提高饲料的品质和利用率。各种营养性药物的应用，首先应考虑土鸡饲养标准，其次要考虑基础饲料中营养成分的含量。

①维生素的合理应用。

鸡的需要量：鸡饲养标准中所规定的维生素需要量，是在实验条件下通过饲养试验所获得的最低需要量。为了保证饲养的鸡有最佳的生产性能和饲料利用率，良好的健康状况和抗病能力，体内有足够的储备，维生素实际供给量通常要比最低需要量高。我国大多数养殖场的饲养管理条件较差，鸡更容易发病，对多种维生素的需要量可能要高于饲养标准的推荐量。

基础饲料的影响：在许多常用饲料原料中，维生素 A、维生素 D_3、维生素 K_3 的含量极微，常可忽略不计，应全部添加使用。B 族维生素在基础饲料中的含量不高，应查核实际含量，按"缺什么，补什么；缺多少，补多少"原则予以补充。基础饲料中一些营养成分要求增加某个维生素的用量，如饲料中添加油脂，就要增加维生素 E 等起抗氧化作用的维生素。许多饲料原料中还含有抗维生素类物质，如生大豆中含有脂肪氧化酶，能破坏维生素 A 和胡萝卜素。

维生素的稳定性：一些维生素的化学稳定性和光热稳定性较差，常需超量添加。按照惯例，超量添加的部分为 5%～10%。维生素在加工和储存过程中也会损失一部分，也要加一个保险系数。保险系数的变动范围为 10%～30%。

维生素超量的安全性：维生素是营养物质，但并非越多越好。维生素过量不仅不经济，反而还引起相反作用。例如，胆碱过量会降低钙、磷的吸收，维生素 C 过量会降低铜的吸收。

②矿物元素的正确应用。

矿物元素的生物利用率（或生物效价）：各种矿物质的来源不同，化学结构就不同，生物利用率也不同。

矿物元素的相互作用：钙和磷之间存在着相互颉颃的关系，大剂量的钙会影响镁和锰的吸收。铁和铜在血红蛋白合成上具有协同作用，二者缺一都会引发贫血症。碘有助于磷在体内存积，钼可增加氟的吸收和累积。

矿物元素与有机物的关系：日粮中脂肪含量过高，会使钙与脂肪结合成不溶性钙化皂，降低钙的吸收，增加钙从粪中的排除量。日粮中的高量蛋白质则能促进钙和磷吸收。赖氨酸对钙、磷的吸收起促进作用。

基础饲料中矿物元素的含量：基础饲料中矿物元素的含量可因饲料原料的种类、品种、成熟度、产地和施肥状况等而变化。豆科牧草中含钙丰富，但酸性土壤或含镁量高的土壤长出的豆科牧草，含钙量低。含钙高的饲料中，镁的含量亦高。随着植物的成熟度提高，钙的含量下降。饼粕类和糠麸类饲料中铁、铜、锰、锌的含量高于籽实类饲料，玉米中这些元素的含量低于其他籽实类饲料。目前我国鸡日粮原料以玉米为主，一定要添加这几种微量元素。籽实类和大部分饼粕类饲料中，硒的含量均低于家禽的需要量，而鱼粉含硒丰富。因此，在无鱼粉的日粮中，硒的添加量要高于鱼粉日粮。目前普遍把家禽饲养标准中规定的微量元素需要量作为添加量，而把饲料中的天然含量作为补充值或保险系数看待。

15. 土鸡日粮中允许使用的药物饲料添加剂有哪些？

土鸡饲养允许使用的药物饲料添加剂见表 5-2。

表 5-2　药物饲料添加剂品种目录

序号	药物饲料添加剂名
1	三硝托胺预混剂
2	土霉素钙预混剂
3	山花黄芩提取物散
4	马度米星铵预混剂
5	甲基盐霉素尼卡巴嗪预混剂
6	甲基盐霉素预混剂
7	吉他霉素预混剂

续表

序号	药物饲料添加剂名
8	地克珠利预混剂
9	亚甲基水杨酸杆菌肽预混剂
10	那西肽预混剂
11	杆菌肽锌预混剂
12	阿维拉霉素预混剂
13	金霉素预混剂
14	盐酸氨丙啉乙氧酰胺苯甲酯预混剂
15	盐酸氨丙啉乙氧酰胺苯甲酯磺胺喹噁啉预混剂
16	盐酸氯苯胍预混剂
17	盐霉素预混剂
18	盐霉素钠预混剂
19	莫能菌素预混剂
20	恩拉霉素预混剂
21	海南霉素钠预混剂
22	黄霉素预混剂
23	维吉尼亚霉素预混剂
24	博落回散
25	喹烯酮预混剂
26	氯羟吡啶预混剂

16. 鸡用的抗生素类药物分为哪几类？其主要抗菌谱分别是什么？

选用抗生素类药物时首先要诊断鸡是革兰阳性菌还是革兰阴性菌感染，有必要请兽医诊断或进行感染菌分离。

主要作用于革兰阳性菌的抗生素有β-内酰胺类（青霉素类、头孢菌素类）、大环内酯类、林可胺类、多肽类、聚醚类、泰妙菌素等，主要抗生素包括青霉素、氨苄西林、阿莫西林、克拉维酸、舒巴坦、头孢拉啶（先锋六号）、红霉素、吉他霉素、泰乐菌素、替米考星、林可霉素、克林霉素、黄霉素、弗吉尼亚霉素、阿伏霉素、恩拉菌素、杆菌肽锌、莫能菌素、盐霉素、泰妙菌素等。

主要作用于革兰阴性菌的抗生素有氨基糖苷类、多肽类等，包括链霉素、庆大霉素、卡那霉素、新霉素、大观霉素、安普霉素、阿米卡星、潮霉素、黏杆菌素、多黏菌素 B 等。第四代头孢菌素类药物头孢喹肟主要也是针对革兰阴性菌。广谱抗生素既可作用于革兰阳性菌也可作用于革兰阴性菌，主要有四环素类、氯霉素类、磺胺类、氟喹诺酮类、喹嗯啉类，包括土霉类、金霉素、强力霉素、甲砜霉素、氟苯尼考、磺胺六甲氧嘧啶、磺胺二甲嘧啶、磺胺嘧啶钠、甲氧苄啶（TMP）、恩诺沙星、环丙沙星、卡巴氧、乙酰甲喹、喹烯酮等。值得提醒的是，第三代头孢菌素类药物如头孢噻呋、替米考星等药物是广谱抗菌药。

17. 土鸡用药为何要注意筛选抗菌药的适应证？

不同的抗菌药各有其不同的适应证，要治疗疾病，就要看哪些药物对病有效。如青霉素类、大环内酯类主要对革兰阳性菌，如金黄色葡萄球菌、肺炎球菌等有作用；氨基糖苷类对革兰阴性菌及霉形体均有效。而阿莫西林对霉形体病没有效果，因为阿莫西林是青霉素类的药物，此类药物的抗菌机理是干扰细菌细胞壁的合成，而霉形体没有细胞壁，故阿莫西林对霉形体病无效。抗生素对神经系统症状无效，因神经症状多为脑部受伤，而抗生素分子不能通过血脑屏障进入脑部，故无效。

18. 土鸡用药有哪些给药途径和方法？

（1）注射

注射是指在严格消毒条件下，通过注射器将药物注入家禽机体的给药方法。其优点是药物吸收快且完全，剂量准确，可避免消化酶破坏，作用更为可靠，适用于病情危急或不能口服的病鸡。口服不易吸收的药物也要采用注射的方法。如氨基糖苷类（庆大霉素、卡那霉素、丁胺卡那霉素等）药物口服时吸收不良，只可用于肠道感染，肌注后却能迅速吸收入血。注射的缺点是操作比较麻烦，不适宜大群体给药；无菌要求高，若注射器械消毒不严，可造成感染，注射局部可引起疼痛。对鸡注射，主要有皮下注射、肌内注射等。

（2）混饮

将药物溶解于水中，让鸡自由饮用。此法常用于预防和治疗疾病，适宜因病不能采食但还能饮水的鸡。饮水给药应注意以下事项：

①药物的溶解性和稳定性。易溶于水的药物，混饮的效果一般较好。难溶于水的药物，经加热、搅拌或添加助溶剂等方法使其溶解后混饮，也能收到较好的效果。用增溶方法不能溶解的药物，不得混饮给药。在水中不易破坏的药物，可让鸡全天候自由饮用。在水中易被破坏的药物，应在一定时间内让家禽饮完药液，以保证药效。方法是，用药前给鸡停水一段时间（如 2～4 小时），然后喂饮药液。药液的量不宜过多，以够用为度。

②药物浓度。药物混饮的浓度通常用毫克/升表示。应按鸡群体的大小计算出所需的药量,将药物加入适量的饮水中,充分搅拌,使药物完全溶解,药量和溶解药物的水量计算有误,就会出现药物浓度过低,达不到防治疾病的效果;或药物浓度过高,致使鸡出现毒副作用。正常鸡的生理饮水量,一般是其饲料摄入量的1倍左右。因此,药物混饮的浓度应是其混饲浓度的一半。鸡饮水量与鸡的品种、饲养方式、饲料、季节及气候等因素密切相关。例如,鸡在冬季的饮水量一般偏低,所配药液的量不宜多,但药物的浓度宜高,以保证动物每天摄入足够的药量;鸡在夏天的饮水量增加,所配药液量宜多,药物的浓度应较低,以使鸡不摄入过量药物。

(3)拌料

拌料是将药物均匀地混入饲料,让鸡在采食的同时摄入药物。此法简便易行,切实可靠,是适宜对鸡的群体给药和长期给药的一种方法。对于那些不溶于水、不改变饲料适口性的药物,用此法给药比较恰当。混饲给药应注意以下事项:

①药物与饲料混合必须均匀。混药不匀,就会发生一部分饲料含药多,而另一部分含药低或不含药。鸡摄入含药高的饲料就会出现中毒反应甚至死亡,对于那些安全范围较窄的药物,情况更严重。鸡摄入含药量低或不含药的那部分饲料,就达不到用药目的,贻误生产。为使药物与饲料充分混匀,必须按规定先将药物制成预混剂,然后用预混剂与饲料混合。

②严格掌握混药的剂量和用药的时程。药物的混饲浓度,通常用克/吨或毫克/千克表示。用药目的不同,饲料中药物的含量也不同。

③注意药物与药物、药物与饲料组分的相互作用。例如,氨丙啉与硫胺素(维生素 B_1)的结构相似,能竞争性地抑制球虫的硫胺素代谢而起抗球虫作用,当饲料中硫胺素的含量超过1.0毫克/千克时,其抗球虫作用减弱。又如金霉素、土霉素等能与饲料中的钙、镁等离子形成络合物,影响各自的吸收。

(4)灌服

灌服是将药物用导管投入嗉囊或胃内,使药物经胃肠吸收而作用于全身,或留在胃肠道行效于局部,适宜鸡个体和小群体给药。

(5)气雾给药

气雾给药是将药物抛射于鸡舍的空气之中,作用于鸡只的体内和体表的一种给药方法。鸡肺泡的表面积很大,有丰富的毛细血管,空气中的药物经肺泡吸收快,在全身起效迅速。由于肺泡呈周期性呼吸变化,药物是以一种间断性方式进入体内。那些在肺泡不能吸收的药物,停留在呼吸道起局部治疗作用。所以,由气雾法所给的药物兼有全身和局部的作用。空气中的药物对鸡只的皮肤黏膜和羽毛、鸡舍的空气还能起消毒作用。因此，可以说气雾给药是一种体内和体外给药相结合的方式。气雾给药应注意以下事项：

①选择适当的药物。药物应对鸡只的呼吸道无刺激性，否则会引起炎症反应。对于全身给药，药物还必须能溶解于呼吸道的分泌物，因为只有可溶解的药物才能被吸收入血。

②药剂的粒度和吸湿性。药物的粒度愈细，愈能进入肺部深处，在肺部的保留率愈低，疗效愈差（因为容易由呼气排出）。粒度粗，只能落在上呼吸道的表面起局部作用，不能深入肺部，吸收入血少，全身疗效差。对于全身性给药，药物的粒度应在0.5~5微米。药物的吸湿性也影响药物粒子在呼吸道的位置，因为在通过湿度很高的呼吸道时，吸湿性高的药物粒子的直径迅速增大，影响药物到达肺的深部，因此，要使药物到达肺的深部，应选用吸湿慢的药物；而要使药物只分布到上呼吸道，则应选择吸湿快的药物。

③剂量。药物在气雾剂中的剂量与其他制剂的剂量可能不同，不得随便套用。确定气雾剂剂量的方法，是通过实验测定气雾剂给药的血药浓度看其是否在安全、有效范围之内。

（6）喷雾、喷洒、药浴

用一定的器具将药物喷在鸡的体表和养殖环境的外用给药法。此法用以杀灭体外寄生虫或病原微生物，也可用于鸡舍、周围环境和用具等的消毒。抗寄生虫药和消毒防腐药往往对鸡体有一定的毒性，使用不当或浓度过高，会引起动物中毒，要加以注意。

19. 如何确定给药次数和药物的剂量、疗程？

鸡每天给药的次数，应视药物的半衰期而定，对于半衰期长而毒副作用小的药物（如恩诺沙星）全天的药量可一次投给；对半衰期虽长，毒副作用较大的药物，应按推荐的给药量间隔给药，如每天1次或2次。

（1）药物的剂量

剂量是指药物的用量，剂量直接影响药物作用的强度和性质。如果剂量过小，在体内就不能获得有效浓度，即使再敏感的药物也发挥不了治疗作用；剂量过大，不但造成浪费，还会对机体产生一定的毒性。在选择药物剂量时，一定要按照药品说明书用药，不要随意加大剂量。在临诊用药时，如磺胺类药物一般在开始用药时可选用较大剂量（首次量加倍），使血药浓度达到较高程度，以后再根据病情酌减用量。

（2）药物的疗程

疗程要视病情而定。一般病症连续用药（指用一种药物，切忌一天换一药）3～5 天即可。对一些慢性疾病则应适当延长疗程以巩固疗效，直至症状消失后再用药 1～2 天。如治疗传染性鼻炎时，疗程不应少于 7 天，否则极易造成因停药过早而疾病复发。

20. 什么叫联合用药的协同作用与配伍禁忌?

联合用药也就是配伍用药，是指同时使用两种或两种以上的药物，其目的在于提高药物的防治效果，减弱药物的不良反应。联合用药可分两种情况:

(1) 协同作用

联合用药后，治疗效果提高，不良反应减弱或消除，这种结果称为协同作用。喹诺酮类和林可霉素同时使用能够起协同作用，特别适用于治疗鸡支原体病和大肠杆菌病。磺胺类药物和土霉素联合应用时，其结果相当于它们原有作用的相加。磺胺类药物和三甲氧苄氨嘧啶（TMP）合用时，由于两种药物可分别阻断病原微生物叶酸合成代谢中前后两个不同环节，所以疗效能够增加数倍。

(2) 配伍禁忌

联合用药后出现疗效减弱或消失、毒性增加等现象，此情况就是配伍禁忌。硫酸黏杆菌素和氨基糖苷类药物联用可导致神经系统中毒而产生肌无力和呼吸暂停的危险。青霉素类药物对生长旺盛的敏感菌特别有效，而对代谢受到抑制的细菌则效果较差。当青霉素类药物与磺胺类药物配伍时，青霉素类药物会因失去抗菌作用而无效。氨基糖苷类药物属静止期杀菌剂，与青霉素（属繁殖期杀菌剂）合用会产生很好的协同作用。但据报道青霉素可降低氨基糖苷类药物在体内的血药浓度，故此两种药物应尽量避免同时使用，必需时可错开一定时间应用。不可用磺胺液体稀释青霉素，或将青霉素与四环素和氢化可的松合用，这样均会导致青霉素失效。另外，卡那霉素等也均不宜与氨苄青霉素合用。

21. 鸡用的兽药休药期规定是什么?

鸡用的兽药休药期规定见表 5-3。

表 5-3　鸡用兽药休药期规定

序号	兽药名称	休药期	序号	兽药名称	休药期
1	盐酸沙拉沙星可溶性粉	0 日，产蛋期禁用	5	注射用青霉素钠	0 日
2	盐酸沙拉沙星注射液		6	注射用青霉素钾	
3	盐酸沙拉沙星溶液		7	维生素 B_{12} 注射液	
4	盐酸沙拉沙星片		8	维生素 B_1 片	

续表

序号	兽药名称	休药期	序号	兽药名称	休药期
9	维生素 B₁ 注射液		35	磷酸泰乐菌素预混剂	5 日
10	维生素 B₂ 片		36	甲磺酸达氟沙星粉	5 日，产蛋期禁用
11	维生素 B₂ 注射液		37	甲磺酸达氟沙星溶液	
12	维生素 B₆ 片		38	氨苯胂酸预混剂	
13	维生素 B₆ 注射液		39	盐酸大观霉素可溶性粉	5 日，产蛋期禁用
14	维生素 C 片	0 日	40	氟苯尼考溶液	
15	维生素 C 注射液		41	盐酸氯苯胍片	
16	维生素 K₁ 注射液		42	盐酸氯苯胍预混剂	
17	醋酸泼尼松片		43	马杜霉素预混剂	5 日，产蛋期禁用
18	醋酸氢化可的松注射液		44	地克珠利预混剂	
19	氢化可的松注射液		45	地克珠利溶液	
20	阿司匹林片		46	氯羟吡啶预混剂	
21	亚硫酸氢钠甲萘醌注射液		47	盐霉素钠预混剂	
22	盐酸二氟沙星片	1 日	48	洛克沙胂预混剂	
23	盐酸二氟沙星粉		49	复方阿莫西林粉	7 日，产蛋期禁用
24	盐酸二氟沙星溶液		50	复方氨苄西林片	
25	环丙氨嗪预混剂（1%）	3 日	51	复方氨苄西林粉	
26	阿苯达唑片	4 日	52	吉他霉素预混剂	
27	氟苯尼考粉	5 日	53	酒石酸吉他霉素可溶性粉	
28	硫氰酸红霉素可溶性粉	3 日，产蛋期禁用	54	吉他霉素片	
29	越霉素 A 预混剂		55	那西肽预混剂	
30	二硝托胺预混剂		56	海南霉素钠预混剂	
31	磺胺氯吡嗪钠可溶性粉	1 日，产蛋期禁用	57	硫酸铵普霉素可溶性粉	
			58	硫酸黏菌素可溶性粉	
32	酒石酸泰乐菌素可溶性粉	1 日，产蛋期禁用	59	硫酸黏菌素预混剂	
			60	二氢吡啶	7 日
33	复方磺胺氯哒嗪钠粉	2 日，产蛋期禁用	61	乳酸环丙沙星可溶性粉	8 日，产蛋鸡禁用
34	四环素片	4 日，产蛋期禁用	62	乳酸诺氟沙星可溶性粉	
			63	恩诺沙星片	

续表

序号	兽药名称	休药期	序号	兽药名称	休药期
64	恩诺沙星可溶性粉	8日，产蛋鸡禁用	89	甲砜霉素片	28日
65	恩诺沙星溶液		90	甲砜霉素散	28日
66	硫酸新霉素可溶性粉	5日，产蛋期禁用	91	复方氨基比林注射液	28日
67	阿莫西林可溶性粉	7日，产蛋鸡禁用	92	注射用苯巴比妥钠	28日
			93	注射用喹嘧胺	28日
68	磺胺二甲嘧啶片	10日	94	注射用硫酸卡那霉素	28日
69	磺胺喹噁啉、二甲氧苄氨嘧啶预混剂	10日，产蛋期禁用	95	盐酸多西环素片	28日
			96	盐酸左旋咪唑	28日
70	磺胺喹噁啉钠可溶性粉		97	磷酸左旋咪唑片	28日
71	磷酸哌嗪片（驱蛔灵片）	14日	98	盐酸氯胺酮注射液	28日
72	枸橼酸哌嗪片		99	盐酸赛拉唑注射液	28日
73	乳酸环丙沙星注射液	28日	100	吡喹酮片	28日
74	烟酸诺氟沙星注射液	28日	101	注射用三氮脒	28日
75	盐酸苯海拉明注射液	28日	102	地西泮注射液	28日
76	盐酸洛美沙星注射液	28日	103	喹乙醇预混剂	禁用于禽
77	复方磺胺对甲氧嘧啶片	28日	104	硫酸卡那霉素注射液（单硫盐酸）	28日
78	复方磺胺对甲氧嘧啶钠注射液	28日	105	维生素 D_3 注射液	28日
79	复方磺胺甲噁唑片	28日	106	氯氰碘柳胺钠注射液	28日
80	磺胺二甲嘧啶钠注射液	28日	107	氰戊菊酯溶液	28日
81	磺胺对甲氧嘧啶、二甲氧苄氨嘧啶片	28日	108	硝氯酚片	28日
82	磺胺对甲氧嘧啶片	28日	109	精制马拉硫磷溶液	28日
83	磺胺甲噁唑片	28日	110	精制敌百虫片	28日
84	磺胺间甲氧嘧啶片	28日	111	蝇毒磷溶液	28日
85	磺胺间甲氧嘧啶钠注射液	28日	112	氢溴酸东莨菪碱注射液	28日
86	磺胺脒片	28日	113	复方水杨酸钠注射液	28日
87	磺胺噻唑钠注射液	28日	114	氨茶碱注射液	28日
88	磺胺噻唑片	28日	115	氟苯尼考注射液	28日

续表

序号	兽药名称	休药期	序号	兽药名称	休药期
116	磺胺对甲氧嘧啶、二甲氧苄氨嘧啶预混剂	28 日，产蛋期禁用	127	盐酸环丙沙星可溶性粉	28 日，产蛋鸡禁用
117	盐酸异丙嗪片	28 日	128	盐酸环丙沙星注射液	
118	盐酸异丙嗪注射液	28 日	129	盐酸洛美沙星片	
119	苯丙酸诺龙注射液	28 日	130	盐酸洛美沙星可溶性粉	
120	苯甲酸雌二醇注射液	28 日	131	氧氟沙星片	
121	枸橼酸乙胺嗪片	28 日	132	氧氟沙星可溶性粉	
122	甲磺酸培氟沙星可溶性粉	28 日，产蛋鸡禁用	133	氧氟沙星注射液	
123	甲磺酸培氟沙星注射液		134	氧氟沙星溶液（碱性）	
124	甲磺酸培氟沙星颗粒		135	氧氟沙星溶液（酸性）	
125	烟酸诺氟沙星可溶性粉		136	地美硝唑预混剂	28 日，产蛋期禁用
126	烟酸诺氟沙星溶液		137	硫酸庆大-小诺霉素注射液	40 日

22. 如何选用质量保证的兽药产品?

①选择有兽药生产许可证、正规兽药厂生产的，且应取得兽药批准文号的产品。

②选择产品包装、标签、说明书符合国家标准规范的产品。

③注意生产日期，选择有效期内的兽药产品。

④兽药外包装无破损、脏乱；注射液应清亮透明，没有沉淀或混浊；片剂应完整无损、光滑成型。

⑤对于大批量采购或拟长期使用的兽药，有条件的养殖场可利用自身实验室条件或委托有资质的单位对这种兽药的不同厂家、不同批次的产品进行检验，或者开展比对试验，选择质量稳定、符合国家规定要求的产品。

23. 鸡的免疫接种有哪些方法?

（1）滴鼻、点眼

滴鼻、点眼可用滴管、点眼药水瓶或 5 毫升注射器（针尖磨秃）。先用 1 毫升水试一下，看有多少滴，以便于稀释疫苗时确定剂量。滴管等工具要注意消毒。滴鼻时左手握鸡，使一个鼻孔朝上，另一个鼻孔用手指堵住；右手拿滴管，对准朝上的鼻孔缓慢滴入 2 滴，或两侧鼻孔各滴 1 滴。因为一只鸡眼内不能容纳 2 滴，所以点眼时应在两侧眼内各点 1 滴。要看到每一滴疫苗确实被鸡吸进鼻孔或在眼内耗下去，才能将鸡放开。此法适用于新城疫 B_1 系和 L 系苗、传染性支气管炎弱毒疫苗等。对雏鸡来说，这种方法可以避免疫苗病毒被母源抗体中和，从而有较好的免疫效果。滴鼻、点眼方法是逐只接种，能保证每只鸡免疫效果较为一致。

（2）翼膜刺种

在我国，目前唯一用此法接种的是鸡痘疫苗。正确的方法是：将鸡翅膀绷直，并抹平或拔掉翅膀内侧翼膜上的羽毛，用消毒过的刺种针或钢笔尖蘸取疫苗在翅膀内侧无血管处刺入皮下 1～2 次。

接种效果如何，需在免疫接种后 5～10 天才能检查出来。一般来说，接种后，每 5000 只鸡最少应有 100 只产生"反应"。禽痘、禽脑脊髓炎等疫苗翼膜刺种后的正常反应是局部出现红肿，其直径一般不超过 10 毫米，并在反应灶中央有一干痂。如反应灶较大，有干酪样物，则表明有污染。如果没有结痂反应或无局部反应灶，则应检验鸡群是否处于免疫阶段、疫苗质量有无问题或接种方法有无差错。

（3）肌内注射

肌内注射是把疫苗直接注射入胸部或腿部肌肉内。适用于接种活毒或灭活疫苗。鸡新城疫的中等毒力疫苗（例如 I 系疫苗）用肌内注射的免疫效果会比其他接种方法好，禽霍乱弱毒疫苗或灭活疫苗虽然也可采用皮下注射法，但肌内注射效果较好。接种时切不可图快，以防漏注或误注等事故的发生。

（4）皮下接种

皮下注射部位一般应在颈背中部或稍低处。正确的操作方法是用大拇指及食指捏住颈中线的皮肤（不能仅抓住羽毛），针头近乎水平刺入，入针方向应自头部插向体部。如果针头插得太深，插到颈肌甚至颈椎骨内，就可能出事故。如果针头再次穿出皮肤，则药液会流出体外，等于没有接种。用于接种的针头，应在消毒前认真检查，保证针头尖利光滑，用手指触摸检查，没有毛刺或倒钩。在注射过程中，如发现针头严重弯曲，应立即废弃，不宜勉强留用。皮下注射所有针头的长度及大小应与预期注射的鸡体大小相适应，一般选用长度较短、孔径适中的注射针头。如果使用连续注射器，特别要注意防止空注或注入量不足；注射灭活疫苗时更应注意，因为不同的疫苗黏稠度可能不同，会影响连续注射器的灵敏度，从而使接种量不准确。皮下注射法适用于接种活毒及灭活疫苗。现在最常用皮下注射法进行接种的是鸡马立克病疫苗。

（5）饮水

数量较大的鸡群，逐只进行免疫接种费时费力，骚扰鸡群，且不能于短时间内达到全群免疫。因此，常采用群体免疫法。群体免疫法中最常用、最简便的就是饮水法。目前广泛采用饮水法且效果良好的疫苗有新城疫 B_1 系及 L 系苗、传染性支气管炎 H_{52} 及 H_{120} 疫苗、传染性法氏囊病弱毒疫苗等。饮水法免疫虽然省时省力，但由于种种原因，会造成每只鸡饮入的疫苗量不一致，免疫效果参差不齐。

为了使饮水法免疫达到一定的效果，必须注意如下几个问题：用于饮水法免疫的疫苗必须是高效价；免疫时稀释疫苗的水不含漂白粉等能使疫苗灭活的物质，最好用蒸馏水或冷开水；稀释液中要加入 $0.1\%\sim0.2\%$ 的脱脂奶粉或山梨糖醇；饮水器要充足，不能用金属容器，要用塑料饮水器，使用前要彻底冲洗干净；为使每只鸡充分饮到水，在饮水免疫前 $3\sim5$ 小时要停止供水（依不同季节酌定），使鸡产生渴感，以保证鸡只能尽快而又一致地饮完疫苗；免疫时间最好选择在清晨，还应注意避免疫苗暴露在阳光下；整个饮水免疫过程不要超过 2 小时。水的用量根据实际饮水量决定：4 天至 2 周龄，每只鸡为 $8\sim10$ 毫升；$2\sim4$ 周龄，每只鸡 $12\sim15$ 毫升；$4\sim8$ 周龄，每只鸡 20 毫升；8 周龄以上为 40 毫升。

（6）气雾

气雾法免疫是用压缩空气通过气雾发生器，使稀释疫苗形成直径 $1\sim10$ 微米的雾化粒子，均匀地浮游于空气之中，鸡自然呼吸时将疫苗吸入肺部，从而达到免疫目的。气雾法免疫不但省力，而且对呼吸道有亲嗜性的疫苗特别有效，例如新城疫 B_1、L 系弱毒疫苗和传染性支气管炎弱毒疫苗等。但是，气雾法免疫对鸡群的干扰大，尤其会加重慢性呼吸道疾病及由大肠杆菌引起的气囊炎。

气雾法免疫要注意如下几个问题：疫苗必须是高效价的，而且通常采用加倍的剂量；稀释疫苗应用去离子水或蒸馏水，最好加入 0.1% 的脱脂奶粉或明胶；稀释剂内必须不含任何盐类，以免雾粒喷出后迅速干燥，引起盐类浓度提高而影响疫苗病毒的活力；雾粒大小要适中，一般以喷出的雾粒中有 70% 以上直径在 $1\sim10$ 微米为最好（雾粒过大，停留于空气中的时间短，进入呼吸道的机会少或进入呼吸道前部后即被滞留；雾粒过小，则易被呼气排出，且气雾在空气中滞留时间过长，对鸡群应激较大，易引起慢性呼吸道病及由大肠杆菌引起的气囊炎等疾病）。实施气雾法免疫时，房舍应密闭，减少空气流动，并无直射阳光，喷雾完毕 20 分钟后才开启门窗；雏鸡阶段用气雾法免疫，可用一网罩将雏鸡罩着再行喷雾免疫。这种免疫方法比饮水法更为有效，并可获得良好且一致的免疫效果。

（7）滴肛或擦肛

滴肛或擦肛一般仅用于传染性喉气管炎的强毒型疫苗。方法是：把1000羽份的疫苗稀释于30毫升的生理盐水中（或按产品说明书进行稀释），然后把鸡的肛门向上，将肛门黏膜翻出，滴上1滴疫苗，或者用棉签（或接种刷）蘸取疫苗刷3~5下，接种后3~5天检查有无"反应"。反应表现为泄殖腔外唇呈炎性肿胀，黏膜呈现卡他性、出血性或纤维素性炎症。如无上述反应，应立即重新接种。接种后第9天，接种鸡即可产生坚强的免疫力。要特别强调的是：从未发生过该病的鸡场，不宜使用这种强毒型疫苗进行接种。

24. 如何制定土鸡免疫程序？

土鸡生态饲养场应根据《中华人民共和国动物防疫法》及其配套法规的要求，结合当地实际疫病流行情况和兽医部门的建议进行免疫接种，有选择地进行疫病的预防接种工作。选用的疫苗应符合《中华人民共和国兽用生物制品质量标准》的规定。生态养殖的土鸡免疫程序见表5-4、表5-5。

表5-4 土鸡种鸡免疫程序

日龄	疫苗、药物种类	剂量	用法
1	马立克病 CVI_{988} 疫苗	1羽份	颈部皮下注射
7	新城疫克隆-30-传染性支气管炎 H_{120} 二联苗	1羽份	滴鼻、滴眼
10	鸡痘疫苗	1羽份	翅膀内侧无血管处刺种
10~15	禽流感灭活疫苗	1羽份	肌注
7~14	传染性法氏囊病弱毒疫苗	1羽份	滴嘴
21~28	传染性法氏囊病弱毒疫苗	1羽份	饮水
22~24	新城疫 B_1-传染性支气管炎 H_{52} 二联苗	1羽份	饮水
25~30	禽流感灭活疫苗	1羽份	肌注
50	新城疫 I 系或 IV 系疫苗	1羽份	肌注
90	脑脊髓炎-鸡痘二联苗	1羽份	翅膀内侧无血管处刺种
95~125	禽流感灭活疫苗	1羽份	肌注
135	新城疫-传染性支气管炎-减蛋综合征三联苗	1羽份	肌注

表 5-5 肉用土鸡免疫程序

日龄	疫苗、药物种类	剂量	用法
1	马立克病 CVI_{988} 疫苗	1 羽份	颈部皮下注射
7	新城疫克隆-30-传染性支气管炎 H_{120} 二联苗	1 羽份	滴鼻、滴眼
10	鸡痘疫苗	1 羽份	翅膀内侧无血管处刺种
10～15	禽流感灭活疫苗	1 羽份	肌注
7～14	传染性法氏囊病弱毒疫苗	1 羽份	滴嘴
21～28	传染性法氏囊病弱毒疫苗	1 羽份	饮水
22～24	新城疫 B_1-传染性支气管炎 H_{52} 二联苗	1 羽份	饮水
25～30	禽流感灭活疫苗	1 羽份	肌注
50	新城疫 I 系或 IV 系疫苗	1 羽份	肌注

注：本免疫保健程序仅供参考，不同鸡场应根据疫情、饲养季节做适当调整。1 日龄也可以用鸡传染性法氏囊病病毒火鸡疱疹病毒载体疫苗同时预防鸡马立克病和传染性法氏囊病。

25. 土鸡接种疫苗时应注意哪些事项？

①疫苗的保存、运输要在低温环境下进行，各种疫苗保存期因不同温度而异。农村专业户运输疫苗时，可将疫苗放入手提式冰壶，装上冰块并密封瓶口，运到目的地后应根据疫苗的特性即放入冰箱的结冻层或冷藏层保存。

②按照疫苗瓶签的说明，准确无误地稀释疫苗，现配现用。疫苗使用前要用力摇匀，剩余的不能再用，废弃前要煮沸消毒。

③如疫苗的瓶子破裂或瓶塞不紧，或疫苗色泽、沉淀有变化，或制剂内有异物、发霉和有臭味，或无标签或瓶签模糊不清，或无检验号码，或过期失效，均不能使用。

④做好预防接种记录，内容包括：接种日期、鸡只数量、日龄、疫苗名称、生产厂家、批号、生产日期、稀释剂和稀释浓度、接种方法等。

⑤若注射接种，最好每只鸡用 1 只针头。如有困难，可每圈（笼）用 1 只针头。

26. 造成鸡免疫失败的原因有哪些？

（1）疫苗质量有问题

鸡疫苗生产厂家众多，所产疫苗的质量差异较大，有的产品质量不过关，接种后不能产生相应的免疫力。某些细菌、病毒变异，致使疫苗接种后保护率达不到100％。疫苗运输方法不当，影响到疫苗的效价。不同的疫苗所需的保存条件不同：冻干苗一般需在－20℃以下冷冻保存，湿苗一般在0～4℃保存，油苗的保存温度一般在10℃左右。疫苗如反复冻融，也必然影响疫苗的效力。购买疫苗时尽量选择生产时间较近的，以保证免疫效果。

（2）疫苗稀释不当

各种疫苗所需的稀释液、稀释倍数及稀释的方法都有一定的规定，必须严格按照使用说明书进行操作。

疫苗使用要坚持现用现稀释的原则，且稀释后要在2小时内用完。若间隔时间过长，致使疫苗失效，也会导致免疫失败。盲目扩大和缩小疫苗稀释倍数均不能达到正确使用疫苗的效果。

（3）免疫剂量不准

注射器的定量控制不灵敏，接种时注射剂量过大或过小，均影响免疫效果。目前，养殖户多存在宁多勿少的偏见，随意加大免疫剂量，可能造成免疫抑制。

（4）接种技术和方法有误

不按疫苗规定方法进行接种，如有的饲养户为了省时省工，将所有的疫苗都饮水免疫，极大地影响免疫效果。

点眼、滴鼻接种时操作不正确，疫苗没有进入眼内鼻内；注射部位不当，或注射针头过粗，均会导致免疫失败。

在疫苗稀释或接种的过程中，消毒药物过多残留于注射器上，或消毒药直接接触疫苗，也会造成疫苗失效或减效。

接种器具没有进行严格的消毒，导致病原菌带入鸡体内。

（5）免疫程序不科学

免疫程序是指养殖户根据当地疫病流行情况，有针对性地免疫接种各种疫苗，并科学地安排接种时间。没有任何一个免疫程序是万能的。制定免疫程序要考虑以下因素，否则将影响免疫效果。

①不同的疫病流行季节不同，应在疫病的多发季节到来时，提前做好免疫接种。

②养殖户对鸡的免疫多数不能进行母源抗体的测定，免疫接种一般都照搬别人的免疫程序，或者凭自己的经验，带有较大盲目性，影响免疫效果。因此，在首次免疫接种前应监测母源抗体水平。

③疫苗之间会相互干扰。不同疫苗接种时间间隔过短，或同一时间以不同的方式接种几种不同的疫苗，多种疫苗进入体内后，产生相互干扰，可能导致免疫失败。

④使用活疫苗免疫的同时使用抗菌药或饮用消毒水，影响免疫力的正常产生。

（6）鸡本身体况差

①鸡日龄过小，免疫器官尚未发育成熟，产生免疫应答的能力差。

②鸡群营养不良时，会抑制免疫应答。

③鸡患免疫抑制性疾病，如鸡传染性法氏囊炎、马立克病、鸡白血病、鸡传染性贫血病时，破坏了免疫器官，造成免疫抑制。

④鸡体处于疫病的潜伏期，接种疫苗时容易发生免疫反应，甚至导致疫病暴发。

27. 如何处理鸡场废弃物？

环境污染问题愈来愈受到人类社会重视，养鸡场除了一些带有臭味，含有灰尘、粉尘的污浊空气，噪声，场内滋生的昆虫等会形成公害，需要防范或治理外，还有一些废弃物需要很好地管理，如孵化废弃物、鸡粪、死鸡与污水等。如何使这些废弃物既不对场内形成危害，也不对场外环境造成污染，同时能够适当地利用，这是养鸡场必须妥善解决的一项重要任务。

（1）鸡粪利用

新鲜的鸡粪含水分约 75％，有机质 25％，氮（N）1.63％，磷（P_2O_3）1.54％，钾（K_2O）0.85％。鸡粪中氮磷含量差不多，钾较少。氮化合物中的尿酸盐不能为作物直接吸收利用，且对植物根系生长有害，因此以腐熟后施用为宜。鸡粪的产量相当于其每天采食饲粮量的 90％～120％，其中含有固体物 25％左右。

①直接施撒农田。养鸡场鸡粪如无地方堆放，新鲜鸡粪也可直接施用，但用量不可太多，鸡粪中有 20％的氮、50％的磷能直接为作物利用，其他部分为复杂的有机分子，需经一个长时期在土壤中由微生物分解后，才能逐渐为作物所利用。因此，鸡粪既是速效也是长效有机肥。鸡粪场附近如有足够的农田，而且有适用的机具，可将鸡粪均匀施撒在农田中，这是一种简便经济的方法。

②堆肥。利用好气微生物，控制好其活动的各种环境条件，设法使其充分进行好气性发酵。鸡粪在堆腐过程中能产生高温，4～5 天后温度可升至 60～70℃，2 周即可达到均匀分解、充分腐熟的目的，其施肥用量比新鲜鸡粪可多 4～5 倍。

③干燥。鸡粪用搅拌机自然干燥或用干燥机烘干制成干粪，可做果树、蔬菜的优质粪肥。目前国内已研制出各种干粪处理办法，生产出各种型号的干燥机，既改善了养鸡场的环境条件，又为养鸡场增加了收入。

（2）死鸡的处理

死鸡对任何一个鸡场来说都是不可避免的。因此，对死鸡的处理便成了生产中一个重要问题。常规的处理方法是深埋和焚烧，从防病的角度看是可取的，但从环境保护角度来看却存在许多问题。

焚烧：以煤或油为燃料，在高温焚烧炉内将死鸡烧为灰烬，可以避免地下水和土壤的污染问题，但这种方法常会产生大量臭气，而且消耗燃料较多，处理成本高。

深埋：掩埋死鸡不能直接埋入土壤中，因为这样容易造成土壤和地下水污染。深埋应当建立用水泥板或砖块砌成的专用深坑，一般 1 万只成鸡需要 13 米^3 容积。

堆制处理：此法通过嗜热菌对死鸡、厩粪及秸秆中碳和氮的利用，而合成细菌性生物物质。在堆制过程中不仅可使原料体积缩小 35%～45%，而且可使其内的温度高达 60～73.9℃。这个温度既可杀灭细菌，同时也不产生恶臭和虫害。一般经 2～3 周时间，死鸡的软组织即会全部分解成无臭的腐殖质。这种腐殖质既是肥料，又可作为土壤改良剂。制作前应先准备 2 个堆制室或堆制窖，堆制室应为水泥地面。制作时，先在第一堆制室的地面铺上 30 厘米厚的刨花或锯木削、花生壳、谷壳、旧垫料等，其上再加一层秸秆以利通气，然后按重量比例顺次放入 1 份死鸡（单层码放）、2 份厩粪、0.1 份秸秆和 0.25 份水。每天的死鸡均按此比例和顺序依次码放直到堆满为止。但应注意，最后一层死鸡上面必须加上厩粪、秸秆和水，然后才行封闭。经 5～10 天，其内温度可达 54.4℃以上。这个温度足以使有机物分解，并杀死病原微生物、草籽及蝇蛆。14 天后，待温度下降时则转入第二堆制室。第二堆制室的地面上也应先铺上一层锯木屑之类的垫料。转入后的混合堆制物会再次升温并继续杀灭细菌。在第二堆制室内经 7～10 天，即可利用。堆制室的大小可根据鸡场规模按死亡率进行估计确定，同时还应考虑生产处理周期设有一定的周转室，以便每天的死鸡都能按时处理。

不管用哪种处理方法，运死鸡的容器应便于消毒密封，以防运送过程中污染环境。

六、土鸡常见疾病防治

1. 如何预防鸡新城疫?

鸡新城疫又叫亚洲鸡瘟,是由副黏液病毒引起的高度接触性、急性败血性传染病。主要特征为呼吸困难、下痢、神经功能紊乱、黏膜和浆膜出血。本病传播快,死亡率高,是目前危害养鸡业最严重的疾病之一。

(1)流行病学

各种日龄的鸡易感性不同,幼雏和中雏易感性最高,老鸡敏感性低。鸡新城疫一年四季都能发病,但以春秋季节多发。

(2)症状

鸡新城疫自然感染的潜伏期一般为3~5天,根据临床表现和病程的长短,可分为最急性、急性、亚急性或慢性3型。

①最急性型。多见于鸡新城疫的暴发初期,鸡群突然发病,常无特征症状而突然死亡。

②急性型。突然死亡病例出现后几天,病鸡体温升高达43~44℃,食欲降低或废食,精神沉郁,不愿走动,垂头缩颈,眼半闭,状似昏睡,离群呆立,鸡冠及肉髯渐变暗红色或暗紫色。病鸡咳嗽,呼吸困难,有黏液性鼻涕,常伸头,张口呼吸,甩头,并发出"咯咯"的喘鸣声,有时打喷嚏。病鸡嗉囊内充满液体内容物,倒提时常有大量酸臭的液体从口内流出。病鸡拉稀,粪便呈黄绿色或黄白色,混有大量黏液,有时混有血液,泄殖腔充血、出血、糜烂;产蛋鸡产蛋量下降或完全停止,蛋壳褪色,软壳蛋、畸形蛋增多,种蛋受精率和孵化率明显下降。鸡群发病率和死亡率均接近100%。有的病鸡还出现神经症状,如翅、腿麻痹等,最后体温下降,病鸡一般在3~5天内死亡。

③亚急性或慢性型。亚急性或慢性多由急性转变来。病鸡初期症状同急性型,表现为明显的呼吸症状;病程稍长的则出现神经症状:跛行,一肢或两肢瘫痪,两翅下垂,转圈,后退,头后仰或向一侧扭曲,常伏地旋转,动作失调,反复发作,受刺激后加重。除部分可以康复外,一般经10~20天死亡。此型多发生于流行后期的成年鸡,致死率较低,少数病鸡可自愈。成年鸡发

病，除较轻的一般症状外，主要表现为产蛋急剧下降，软壳蛋明显增多，或有拉稀症状。

（3）病理变化

本病的病理变化具有败血症的病变特征，全身黏膜、浆膜出血，淋巴系统肿胀、出血和坏死，以消化道和呼吸道最明显。

①最急性型。由于发病急，多数没有肉眼可见的病变，个别死鸡可见胸骨内面及心外膜上有出血点。

②急性型。病变特征明显，口腔中有大量黏液和污物，嗉囊内充满大量酸臭液体和气体，胸腺肿大、有暗红色点状出血。喉头和气管黏膜充血、出血，有黏液。食道和腺胃交界处常见有出血斑或出血带，腺胃乳头肿胀、出血，肌胃角质膜下也可见出血点。整个肠道充血或严重出血，以十二指肠和直肠后段最严重。十二指肠常呈弥漫性出血，直肠黏膜常密布针尖大小的出血点；肠淋巴滤泡肿胀，常突出于黏膜表面，在不同的肠段形成岛屿状或枣核状坏死溃疡灶，溃疡灶表面有黄色或灰绿色纤维素膜覆盖，剥离后露出粗糙红色的溃疡面。盲肠扁桃体肿胀、出血和溃疡，直肠和泄殖腔出血。心外膜、心冠脂肪上可见出血点；严重者肠系膜及腹腔脂肪上可见出血点。产蛋鸡卵黄膜严重充血、淤血，卵黄破裂，形成卵黄性腹膜炎。

③亚急性或慢性型。剖检病变不明显，个别鸡可见肠卡他性炎症，盲肠扁桃体肿胀、出血，小肠黏膜上有纤维素性坏死。

近年来由于鸡新城疫野毒毒力增强，疫苗使用方法、使用途径、疫苗选择不当等原因，非典型新城疫发病较多。非典型新城疫一般不呈暴发性流行，多散发，发病率5%～10%。临床上缺乏特征性呼吸道症状，鸡群精神状态较好，饮食正常。个别鸡出现精神沉郁，食欲降低，嗉囊空虚，排黄色粪便等症状。从出现症状到死亡，一般为1～2天。产蛋鸡出现产蛋量下降，产软壳蛋等。非典型新城疫的特征性病理变化表现在小肠上有数个大小不等的黄色泡状肠段。剪开该肠段可见肠内容物呈橘黄色、稀薄，肠黏膜脱落，肠壁变薄、呈橘黄色、缺乏弹性，肠壁毛细血管充血或出血、与周围界限明显。腺胃变软、变薄，腺胃乳头间有出血。产蛋鸡除上述病变外，卵泡变形、卵黄液稀薄，严重者卵泡破裂，卵黄散落到腹腔中形成卵黄性腹膜炎。潜伏期一般为3～5天。

（4）诊断

根据本病的流行病学、症状和病理变化进行综合分析，可做出初步诊断。确诊需进行病毒分离、血凝抑制试验、中和试验、荧光抗体试验等。

（5）防治

①加强卫生管理，防止病原体侵入鸡群。禁止从污染地区引进种鸡或雏

鸡，也不要从该地区购买饲料、养鸡设备等，禁止无关人员进入鸡场，并防止飞鸟和其他野生动物侵入。在饲养管理上，应实行"全进全出"的饲养管理制度，以防病原体接力传染，定期带鸡消毒。

②定期预防接种，增强鸡群的特异性免疫力。预防鸡新城疫，需要制定一个合理的免疫程序，使鸡群保持高度、持久、一致的免疫力。但免疫程序的制定应该考虑多方面的因素。首先是本地区该病的流行情况及特点，同时要根据本场的饲养规模、饲养方式、使用鸡新城疫疫苗的种类以及免疫方法等。此外，还应重视其他疫病对鸡新城疫防治的影响，例如鸡传染性法氏囊病、鸡马立克病、鸡白痢病、鸡慢性呼吸道病等。免疫程序不能千篇一律，也绝不能一成不变，更不能照搬其他鸡场的免疫程序，在制定免疫程序时，应以鸡群免疫状态与抗体水平的监测为基础。一般地说，HI 抗体效价在 $6log_2$ 以上时可以避免大量的死亡损失，$8log_2$ 以上基本可以避免死亡损失，而 $10log_2$ 以上基本可避免产蛋的急剧下降。在安全地区，HI 抗体的滴度 log_2 平均值为 3～4 时进行免疫；在不安全地区，HI 抗体的滴度 log_2 平均值为 4～5 时即可免疫。有条件的鸡场最好根据抗体血凝抑制效价监测结果来确定免疫的最适时间。

没有监测条件的鸡场可参照以下免疫程序进行：土鸡出壳后7～10日龄用 Ⅱ（B_1）系、Ⅳ（L）系或 Clone-30 疫苗点眼或滴鼻进行首免；二免最好在首免后 15 天进行，疫苗同上，可用饮水免疫；三免与二免之间的间隔时间以不超过 25 天为宜；四免的时间要根据监测结果及饲养期而定。如果饲养规模较小，或处在鸡新城疫严重污染或受威胁地区内，应在二免后根据抗体效价选择免疫时机，可采用中等毒力疫苗（即Ⅰ系苗）进行注射免疫，也可以用灭活疫苗和弱毒疫苗结合使用。

鸡群发病后，无特异治疗方法，对假定健康的鸡群或受威胁的鸡群应采取紧急接种免疫的措施。用 5～10 倍量 Ⅳ 系或 3 倍量Ⅰ系疫苗肌内注射接种。紧急接种后 3～7 天内，鸡群的发病率和死亡率可能会上升，然后逐渐下降至正常。

2. 如何预防禽流感？

禽流感又称真性鸡瘟、欧洲鸡瘟，是由 A 型流感病毒引起禽类感染的高度接触性传染病。可呈无症状感染，出现不同程度的呼吸道症状，产蛋率下降。病鸡头冠和肉髯紫黑色、呼吸困难、下痢，腺胃乳头和肌胃角膜下等器官组织广泛性出血、胰脏坏死、纤维素性腹膜炎，死亡率可达 100%。

（1）流行病学

禽流感是高度接触性的传染病，可通过多种途径传播感染。带毒的候鸟在迁徙过程中，沿途可散播禽流感病毒。与带毒的人或猪接触也可能引起该病毒的传播。流感的鸡中，土鸡比快速型鸡易感性低。该病一年四季均可流行，且在冬季和气温骤冷骤热的季节更易暴发。

（2）症状

该病潜伏期较短，从几小时到5天。本病的发病率和死亡率、病鸡的症状各异，轻重不一，差异很大，从无症状的隐性感染到100%的死亡率，取决于禽类种别和毒株，以及年龄、环境等因素。

由高致病力毒株，如 H_5N_1 禽流感病毒感染鸡后形成的高致病力禽流感，其临床症状多为急性经过。最急性的病例可在感染后10多个小时内死亡。鸡群采食量明显下降，甚至几乎废食，饮水也明显减少，全鸡群均精神沉郁，呆立不动，从第二天或第三天起，死亡数量明显增多，临床症状也逐渐明显。病鸡病初体温可达42℃以上，精神沉郁，活动减少，昏睡。两眼突出，眼睑肿胀流泪，眼角有小气泡，眼内有黏性或干酪样分泌物，严重者失明。病鸡头部肿胀，冠和肉髯发黑，羽毛蓬松无光泽。呼吸困难，歪头。下痢，粪便黄绿色并带大量的黏液或血液。种鸡产蛋率急剧下降或几乎完全停止，蛋壳变薄、褪色、无壳蛋、畸形蛋增多，受精率和受精蛋的孵化率明显下降。鸡脚鳞片下呈紫红色或紫黑色。在发病后的5～7天内死亡率几乎达到100%，少数病程较长或耐过未死的病鸡出现神经症状，包括转圈、前冲、后退、颈部扭歪或后仰望天等。

低致病力毒株，如 H_9N_2 禽流感病毒感染鸡，最常见的症状是产蛋率下降，但下降程度不一，产蛋率受影响较严重的鸡群，蛋壳可能褪色、变薄。在产蛋受影响时，鸡群的采食可能正常或下降，精神状况及死亡率可能与平时一样正常，但也可能有少数病鸡眼角分泌物增多、有小气泡，或在夜间安静时可听到一些轻度的呼吸啰音，个别病鸡有脸面肿胀，但鸡群死亡数仍在正常范围内。再严重一些的病例，则可见到少数病鸡呼吸困难，精神不振，下痢，鸡群采食量下降，死亡数增多。

（3）病理变化

高致病力禽流感：最急性死亡的病鸡常无肉眼变化。急性者可见头部和脸面浮肿，皮下有黄色胶样浸润、出血；胸、腹部脂肪有出血斑，喉气管充血、出血，心肌坏死，坏死的白色心肌纤维与正常的粉红色心肌纤维红白相间；胰腺有黄白色坏死斑点，腺胃乳头、腺胃与肌胃交界处、腺胃与食道交界处、肌胃角质膜下、十二指肠黏膜出血，胸腺萎缩并有不同程度的点状、斑状出血；法氏囊萎缩或呈黄色水肿并带有充血、出血，肠黏膜充血或轻度出血。

低致病力禽流感：常见的眼观病理变化为喉气管充血、出血，在气管叉处有黄色干酪样物阻塞，气囊膜混浊，典型的纤维素性腹膜炎。产蛋母鸡输卵管黏膜充血、水肿，卵泡充血、出血、变形，有的发生卵黄性腹膜炎。公鸡睾丸变性坏死。胰腺有灰黄色斑状坏死点。

（4）诊断

由于本病的临床症状和病理变化差异较大，所以确诊必须依靠病毒的分离、鉴定和血清学试验。

（5）防治

该病属法定的畜禽一类传染病，危害极大，故一旦暴发确诊后应坚决彻底销毁疫点的禽只及有关物品，执行严格的封锁、隔离、消毒和无害化处理措施。

预防该病毒感染的重点是杜绝病原的最初传入和控制再传播。首先，要加强卫生管理，执行严格的检疫制度，防止引入病原。种蛋、雏鸡等产品的调入，要经过兽医检疫；严禁从疫区或可疑地区引进鸡苗或禽制品。一旦发现可疑病鸡，就应及时采取封锁、隔离、消毒和严格处理病死鸡等措施。其次，在出现高致病力禽流感病毒感染时，要划定疫区，严格封锁和隔离，焚毁病死鸡，对疫区内可能受到高致病力禽流感病毒污染的场所进行彻底的消毒等，以防疫情扩散，将损失控制在最小范围内。

平时应加强鸡场的防疫管理，鸡场门口要设消毒池，严禁外人进入鸡场，工作人员出入要更换消毒过的胶靴、工作服，用具、器材、车辆要定时消毒。粪便、垫料及各种污物要集中做无害化处理，消灭鸡场的蝇蛆、老鼠、野鸟等各种传播媒介。加强饲养管理，避免寒冷、长途运输、拥挤、通风不良等因素的影响，增强鸡的抵抗力。

土鸡饲养要用灭活疫苗进行 2 次免疫。可在 10～15 日龄时接种 1 次，30～50 日龄时接种 1 次；如是种鸡或产蛋鸡开产前再接种 1 次，以后每 3～6 个月接种 1 次。禽流感油乳剂灭活疫苗的接种途径为肌内或皮下注射，推荐的免疫接种量为 15 日龄肉鸡每只 0.3 毫升，日龄较大的鸡每只 0.5～0.7 毫升。质量良好的禽流感油乳剂灭活疫苗接种家禽后一般无明显的不良反应，有时可能会引起产蛋率稍微下降，几天后即可恢复正常；有时在注射疫苗后几个小时内，鸡群稍沉静，然后很快恢复正常，这可能是疫苗中含抗原灭活剂对注射部位强烈刺激作用所致。有时注射疫苗后注射部位发热、肿胀，甚至溃烂，如果是个别问题，可能是注射时针头碰到羽毛、污物所致；如为普遍现象则可能与疫苗质量有关。鸡群接种禽流感疫苗后，应对免疫效果进行监测。30 日龄以下雏鸡接种疫苗后如受高致病力禽流感病毒的感染，则还是会有较大的死亡损失；2 月龄以上的鸡如果 HI 抗体效价在 $6\log_2$ 以上，一般不会出现大批死亡；

HI 抗体效价在 $8log_2$ 以上，一般不会出现死亡；$10log_2$ 以上则产蛋率一般不会出现严重的下降。疫苗接种虽然可以避免鸡出现毁灭性的损失，但不能完全防止禽流感的发生。由于灭活疫苗虽能诱导机体产生较高的循环抗体，但免疫禽的呼吸道、消化道和生殖道的局部免疫力仍较弱，故在接种疫苗后仍然可能会出现一些不同程度的呼吸道症状，产蛋量也可能下降等。

禽流感病毒的流行毒株和毒力容易发生变异，不同地区、不同时间其流行株不同。目前，全国高致病性禽流感强制免疫所用的疫苗种类为重组禽流感病毒（$H_5 + H_7$）二价灭活疫苗。

3. 如何预防鸡马立克病？

鸡马立克病是由 II 型疱疹病毒引起的鸡的一种肿瘤性疾病。主要特征是病鸡的周围神经、性腺、内脏、眼虹膜、肌肉和皮肤的淋巴细胞浸润及形成肿瘤病灶。该病具有高度传染性，也是一种免疫抑制性疾病。

（1）流行病学

鸡马立克病从感染到发病有较长的潜伏期，多发生在 8 周龄以后的鸡。马立克病病毒对初生雏鸡的易感性高，母鸡的发病率比公鸡高。本病不经蛋内传染，但若蛋壳表面残留有含病毒的尘埃、皮屑而又未经消毒，也可造成马立克病的传染。病毒一旦侵入易感鸡群，其感染率几乎可达 100%，但发病率却差异很大，主要与病原毒力、鸡的品种、年龄、性别、抗体水平、饲养管理水平以及其他疾病感染有关，可从百分之几到 80%，发病鸡几乎 100% 死亡。

（2）症状

鸡马立克病根据其病变发生部位和临床症状不同，可分为内脏型、神经型、眼型和皮肤型，其中以内脏型发病率最高。

①内脏型。病鸡呆顿，精神萎靡，鸡冠苍白，羽毛松乱、无光泽，行动迟缓，常排绿色稀便，消瘦。但病鸡多有食欲，往往发病半个月左右死亡。

②神经型。由于病变部位不同，症状有很大区别。当支配腿部运动的坐骨神经受到侵害时，病鸡开始只见走路不稳，后来逐渐看到一侧或两侧腿麻痹，严重时瘫痪不起。典型症状是一腿向前伸，一腿向后伸，呈"大劈叉"姿势。病侧肌肉萎缩，爪子多弯曲。当支配翅膀的臂神经受侵害时，病侧翅膀松弛无力，有时下垂。当颈部神经受侵害时，病鸡的脖子常斜向一侧。

③眼型。病鸡一侧或两侧眼睛失明，病鸡眼睛的瞳孔边线不整齐、呈锯齿状，虹彩消失，眼球如鱼眼般呈灰白色。

④皮肤型。病鸡去毛后可见体表的毛囊腔形成结节及小的肿瘤状物。在颈部、翅膀、大腿外侧较为多见。肿瘤结节呈灰黄色，突出于皮肤表面，有时

破溃。

（3）病理变化

病鸡的肿瘤多发生于肝脏、腺胃、心脏、卵巢、肺脏、肌肉、脾脏、肾脏，其中以肝脏、腺胃的发病率最高。

①肝脏。肿大、质脆，有的为弥漫型肿瘤，有的为粟粒至黄豆大小的灰白色瘤，几个至几十个不等，有的肝脏上的肿瘤如鸡蛋黄大小。这些肿瘤质韧，稍突出于肝表面。

②腺胃。肿大、增厚、质地坚实，浆膜苍白，切开后可见黏膜出血或溃疡。

③心脏。在心外膜见黄白色肿瘤，常突出于心肌表面，米粒大至黄豆大。

④卵巢。肿大 4～10 倍不等，呈菜花状。

⑤肺脏。在一侧或两侧见灰白色肿瘤，肺脏呈实质性，质硬。

⑥脾脏。肿大 3～7 倍不等，表面可见呈针尖大小或米粒大的肿瘤结节。

⑦肌肉。肌肉的肿瘤多发生于胸肌，呈白色条纹状。

⑧神经型病变。多见坐骨神经、臂神经、迷走神经肿大，神经表面光亮，粗细不均，银白色纹理消失，神经周围的组织水肿。

（4）诊断

根据病鸡的典型症状、流行特点及病理剖检变化进行综合分析，可做出初步诊断。确诊须进行琼脂扩散试验、免疫荧光试验、酶联免疫吸附试验及病毒中和试验。

（5）防治

本病目前尚无有效的药物治疗，土鸡半放养方式饲养，其饲养期较长，在120 日龄左右开始上市时，也正是鸡马立克病的高发病期，所以只有采取综合性的防疫措施，才能减少本病造成的损失。

①加强免疫预防。目前应用的主要是冻干疫苗和液氮疫苗。使用时注意：购买疫苗后应严格按说明书上的要求保存和运送。使用时要用相应的稀释液进行稀释，现配现用。有条件的地方可将稀释好的疫苗放置在冰浴中。疫苗一经稀释应在 1 小时内用完。

②防止马立克病野毒早期感染。雏鸡出壳时接种马立克病疫苗后，需要7～15 天时间才能充分发挥免疫作用。在此期间极易感染外界环境中的马立克病野毒，导致免疫失败。因此，育雏室在进雏前应彻底清扫、用福尔马林熏蒸消毒，并空舍 4～5 周。育雏前期，尤其是前 2 周内最好采取封闭式饲养，以防感染。

③在马立克病高发地区、环境污染严重的鸡场或怀疑有超强毒力的马立克

病野毒存在时，可更换疫苗种类，选用双价苗或多价苗。

④加强饲养管理，减少应激。土鸡在饲养过程要防止饲养密度过大、饲料发霉变质、鸡舍通风不良、饲料营养水平差等应激发生，以增强其抗病能力。

⑤防止早期感染其他病原体。土鸡在饲养过程要防止早期感染传染性法氏囊病病毒、网状内皮组织增生症病毒、鸡传染性贫血病毒、鸡白痢沙门菌等其他病原体，因为这些病原体均可干扰马立克病疫苗的免疫作用。

⑥鸡马立克病疫苗为弱毒活疫苗，疫苗应通过非肠道途径接种，多数是1日龄颈部皮下注射接种。疫苗必须用专用稀释液稀释。目前使用的疫苗主要有以下几种。

火鸡疱疹病毒疫苗：可抵抗马立克病标准强毒攻击，但对超强毒株攻击的保护率低于70%。疫苗稀释后必须在30分钟内接种完毕。

血清Ⅱ型疫苗毒株：在自然情况下，这些病毒存在于临床上正常鸡群中，是一种非致癌性、非致病性细胞结合性病毒，必须用液氮保存，免疫效果比火鸡疱疹病毒疫苗好。血清Ⅱ型病毒容易通过接触传播，并能从羽毛囊上皮中排毒。与火鸡疱疹病毒疫苗联合使用可抵抗超强毒的感染。

血清Ⅰ型疫苗毒株：目前国内主要用CVI_{988}非克隆株，认为效果优于火鸡疱疹病毒疫苗和血清Ⅱ型疫苗毒株。CVI_{988}也必须在液氮中保存。

血清Ⅰ型＋Ⅱ型＋Ⅲ型的多价疫苗和血清Ⅱ型＋火鸡疱疹病毒疫苗的二价疫苗：保护效果好，也必须保存在液氮中。

立法克：是将传染性法氏囊病病毒的VP2基因片段插入火鸡疱疹病毒载体中而获得的载体活疫苗，用于预防鸡马立克病和传染性法氏囊病。疫苗需在液氮中保存。

4. 如何预防鸡白血病？

鸡白血病是由禽白血病肉瘤病毒群中的病毒引起的鸡多种肿瘤性疾病的统称，以在成年鸡中产生淋巴样肿瘤和产蛋量下降为特征。该病有多种表现形式，主要是淋巴细胞白血病，其次是骨髓细胞瘤病、骨石病、血管瘤、肉瘤和皮瘤等。尽管该病呈渐进性发生和持续的低死亡率，但由于它以垂直传播为主，因此该病难以控制，鸡群在增重和产蛋方面受严重影响。

（1）流行病学

经卵垂直传播是禽白血病病毒的主要传播方式。鸡蛋的感染率较低，但用感染的鸡蛋孵出的雏鸡将终身带毒，有免疫耐受性，不会产生抗体，增加了禽白血病死亡的危险性，而且可使后代鸡群的产蛋量下降，并将病毒通过鸡蛋而一代代传播下去。

（2）症状

鸡白血病一般发生在性成熟或即将性成熟的鸡群，呈渐进性发生。一般发生在 16 周龄以上鸡群。病鸡无特异的临床症状，甚至有的病鸡可能完全没有症状。许多患有肿瘤的病鸡表现消瘦、头部苍白，由于肝部肿大而导致患鸡腹部增大。

（3）病理变化

①淋巴细胞白血病。无特异症状，病鸡表现食欲不振或废绝，消瘦和虚弱，鸡冠苍白、皱缩、偶尔发绀，腹部增大。临床症状一旦开始出现，通常病情发展很快。无明显症状的成年鸡，其产蛋性能会受到严重影响，性成熟推迟，产的蛋较小，产蛋率下降，且蛋壳较薄。

病理剖检，可见很多组织均有肿瘤，尤其在肝、肾、卵巢、脾和法氏囊中常见。肿瘤大小不一，呈结节性、粟粒性或弥漫性。结节状肿瘤质地柔软、光滑，切面略呈淡灰色到乳白色，少数有坏死灶；粟粒状肿瘤分布于肝实质内，肝脏均匀肿大，灰白色，质地脆软。脾肿瘤呈大理石状。镜检肿瘤组织，可见呈灶性或多中心，肿瘤细胞增生时把正常组织细胞挤压到一边，而不是浸润其间；肿瘤细胞由淋巴细胞组成，细胞大小基本一致，但都处于相同的原始发育状态，多数肿瘤细胞胞浆中含有大量 RNA，甲基绿-派洛宁染色呈红色。

②骨髓细胞瘤病。由 J 亚群病毒引起的一种骨髓细胞瘤病，其潜伏期比较短，具有特征性病理变化。病死鸡肝、脾、肾和其他器官也均有肿瘤发生。由于肿瘤细胞的浸润，在肋骨和肋软骨接合处、胸骨内侧有奶油状肿瘤形成，下颌骨、鼻腔的软骨及头盖骨也常受到侵害而异常隆起。骨髓细胞瘤呈暗淡黄白色，脆弱，呈干酪样，弥漫性或结节性，有时肿瘤表面有一层薄而易破碎的骨膜，常见多个肿瘤，通常两侧对称。镜检骨髓由匀一致密的髓细胞组成。肿瘤细胞与骨髓中正常髓细胞相似，但细胞核较大，空泡状，常位于细胞的一侧；核仁明显，胞浆充满嗜酸性颗粒，常呈球形。新鲜肿瘤组织用姬姆萨染色，颗粒呈亮红色。在肝脏中，髓细胞聚集于肝囊内，并侵入肝索，破坏和取代肝细胞。

③血管瘤。发病日龄主要集中在 120～200 日龄。鸡群病初，头、颈、胸、翅膀、脚趾部等无毛处形成比皮肤表面较为隆起、呈黄豆大至小指肚大的血泡，血泡呈暗红色，进而形成火山口状肿瘤。有时肿瘤自溃而流血不止，直至死亡，流出的血液黏附在破溃血管瘤周围的羽毛上。胸腺萎缩，法氏囊透明状，个别鸡在内脏表面也有血管瘤。

（4）诊断

首先应考虑发病鸡的年龄，通常在 16 周龄以上的鸡发病；其次是病程和在鸡群中死亡率的模式，通常鸡群中发病是渐进性的，始终保持低死亡率；此外，有中等数量典型感染；从病鸡的肉眼病变的局部部位来看，几乎总是与法氏囊病变有关，但往往要切开法氏囊并检查上皮表面。特征性的肿瘤细胞为 B 细胞。诊断白血病应特别注意与鸡马立克病和网状内皮组织增生病相区别。

（5）防治

目前对鸡白血病尚无有效的治疗方法。因为鸡白血病的传播主要是垂直传播，水平传播仅为次要途径，所以控制鸡白血病应从建立无白血病的净化鸡群着手，即每批即将产蛋的鸡群，经酶联免疫吸附试验或其他血清学方法检测，阳性鸡进行一次性淘汰。每批种鸡只需这样淘汰 1 次，经三四代淘汰后，鸡群的白血病将会显著降低，并逐步消灭。商品鸡饲养者应从生物安全隔离条件好、管理规范、鸡白血病净化工作到位的种鸡场购买鸡苗。

5. 如何预防鸡传染性法氏囊病？

鸡传染性法氏囊病是由传染性法氏囊病病毒引起的一种以破坏鸡免疫中枢器官——法氏囊为特征的急性、严重危害雏鸡的免疫抑制性、高度接触性传染病。本病的特点是发病率高，病程短，腹泻，法氏囊出血、水肿，肾脏肿胀，腿肌和胸肌出血，腺胃和肌胃交界处呈条状出血。

（1）流行病学

鸡 3～6 周龄易感，随着日龄增加，易感性降低。多数雏鸡感染后不表现临床症状，但结果导致严重的免疫抑制。成年鸡法氏囊已经退化，多呈隐性感染。传染性法氏囊病潜伏期短，一般为 2～3 天，传播快，感染率和发病率高，有明显的死亡高峰。

（2）症状

根据临床表现分典型感染和非典型感染。

典型感染多见于新疫区和高度易感鸡群，常呈急性暴发，1～2 天内可波及全群。病鸡表现为精神沉郁，食欲下降，羽毛蓬松，翅下垂，闭目打盹，有些病鸡自啄泄殖腔；腹泻，排出白色稀粪或蛋清样稀粪，内含细石灰渣样物，干涸后呈石灰样，肛门周围羽毛污染严重；畏寒、挤堆，严重者垂头伏地，严重脱水，极度虚弱，后期体温下降。呈尖峰式的死亡曲线，发病后 1～2 天内病鸡死亡率明显增多且呈直线上升，5～7 天达到死亡高峰，其后迅速下降和恢复，病程约 1 周。本病的感染率为 100%，死亡率一般在 10%～30%，但若混合感染或继发其他疫病，死亡率会更高。

非典型感染主要见于老疫区和有一定免疫力的鸡群，常常是由于感染低毒力的传染性法氏囊病变异毒株而引起的。该病型感染率高，发病率低，症状不典型。主要表现为少数鸡精神不振，食欲减退，轻度腹泻，死亡率一般在3％以下。但病程和鸡群的整个流行期都较长，并可在一个鸡群中反复发生。该病型主要引起免疫抑制，感染鸡群对其他疫苗的免疫接种效果甚微或根本无效。

（3）病理变化

病鸡尸体脱水，腿肌、胸肌呈现出血条纹或出血斑。特征病变为法氏囊由于出血、水肿而肿大，感染2～3天后法氏囊的水肿和出血变化更为明显，其体积和重量增大到正常的2～3倍。法氏囊本身由正常的白色变为奶油黄色，严重时出血，法氏囊呈紫黑色、葡萄状。切开囊腔后，常见黏膜皱褶有出血点或出血斑，囊腔中有脓性分泌物。感染5天后，法氏囊开始缩小，第8天后仅为原来重量的1/3左右，此时法氏囊呈纺锤状，因炎性渗出物消失而变为深灰色。有些病程较长的慢性病例，法氏囊的体积虽增大，但囊壁变薄，囊内积存干酪样物。在腺胃与肌胃交界处、腺胃与食道移行部交界处有出血带。盲肠扁桃体肿大、出血。肾脏肿胀，输尿管中有白色的尿酸盐沉积。

（4）诊断

根据流行特点、症状和剖检变化可做出初步诊断，进一步确诊需进行病毒分离及血清学试验。

（5）防治

本病毒对环境和理化因素的抵抗力很强，本病尚无有效防治药物，预防接种是控制本病的主要方法，同时必须加强饲养管理及防疫消毒卫生工作。

目前我国常用的疫苗有两大类，即活疫苗和灭活疫苗。活疫苗有3种类型：一是低毒力（弱毒）活疫苗，这类疫苗对法氏囊没有任何损伤，但免疫后抗体产生迟，效价也比较低，在该病污染程度较高的鸡场使用免疫效果不好，对鸡群的保护力低；二是中等毒力的活疫苗，这类疫苗对法氏囊有轻度的可逆性损伤，其免疫保护力高，在该病污染场使用免疫效果较好，在实际生产中广泛使用；三是毒力偏强的活疫苗，对法氏囊的损伤严重，而且是不可逆性的，可造成免疫鸡的法氏囊严重萎缩，影响鸡对其他疫苗的免疫效果，使鸡对其他细菌、病毒的易感性增高，因此对这类疫苗应慎重使用。免疫接种用疫苗种类的选择应根据该病的流行特点、鸡场的污染程度和卫生状况、鸡群1日龄母源抗体的水平及其均匀度、鸡的品种等来确定。有母源抗体的鸡群可选用中等毒力疫苗，没有母源抗体或抗体水平偏低的鸡群可选用弱毒疫苗，二免时用中等毒力疫苗。对于污染程度较高的地区和鸡场，可以考虑使用中等毒力的活疫苗，它们可突破母源抗体，免疫效果较好。如果鸡场存在该病变异株和超强毒株，应用多价疫苗进行免疫。在生产中可参考以下接种方案：

①种鸡。1日龄种雏来自未经该病灭活疫苗免疫的种母鸡，首免多在7日

龄进行，二免应在首免后 3 周进行，首免和二免用活疫苗，采用滴鼻、点眼或饮水免疫。18～20 周龄（开产前）和 40～42 周龄用油乳剂灭活疫苗免疫接种。1 日龄种雏来自接种过油乳剂灭活疫苗的种母鸡，首免日龄多在 14 日龄进行，3 周后进行二免。接种灭活疫苗的日龄同上。

②肉鸡。如果种鸡在开产前和 40 周龄注射过传染性法氏囊病油乳剂灭活疫苗两次，则商品鸡一般在 2 周龄用弱毒疫苗免疫 1 次，4～5 周龄时再次免疫。二免可选用弱毒力疫苗或中等毒力疫苗。如果种鸡免疫情况不详或没免疫，则商品鸡的首次免疫时间可适当提前到 7 日龄或根据抗体监测水平自行制定免疫程序。

鸡群发病时，用中等毒力活疫苗对全群鸡进行肌内注射或饮水免疫紧急接种，可减少死亡。发病早期每只鸡注射高免血清或高免卵黄，可起到紧急治疗的效果；同时应对环境和鸡舍进行彻底消毒，适当降低饲料中的蛋白质含量，提高维生素的含量以及使用抗菌药物控制鸡群的继发感染。

亦可对 1 日龄雏鸡进行颈部皮下接种立克法载体活疫苗，既可预防鸡马立克病，又可预防鸡传染性法氏囊病。载体疫苗不损伤法氏囊，不受母源抗体影响，可全面抵御鸡传染性法氏囊病经典、变异及超强毒株。

6. 如何预防鸡传染性支气管炎？

鸡传染性支气管炎是由传染性支气管炎病毒（冠状病毒）引起的一种急性、高度接触性的呼吸道疾病。传染性支气管炎病毒有很多血清型，目前已知 29 个。多数血清型的病毒可引起明显的呼吸道症状，而某些血清型的病毒引起明显的肾脏损害而不引起或只有很轻微的呼吸道症状。鸡传染性支气管炎以咳嗽，喷嚏，雏鸡流鼻液，产蛋鸡产蛋量减少和蛋品质下降，呼吸道黏膜呈浆液性、卡他性炎症为特征。

（1）流行病学

本病各种日龄的鸡都可发病，但雏鸡最为严重，死亡率也高，一般以 40 日龄以内的鸡多发。本病一年四季均能发生，但以冬春季节多发。鸡群拥挤、过热、过冷、通风不良、缺乏维生素和矿物质，以及饲料配合不当，均可促使本病的发生。

（2）症状

鸡传染性支气管炎血清型多，临床症状表现比较复杂，常见的有呼吸型和肾型。

①呼吸型。鸡群往往发病突然。4 周龄以下的雏鸡表现为张口呼吸、咳嗽、打喷嚏、呼吸啰音等症状。2 周龄以内的鸡，还常见鼻窦肿胀、流鼻液、

流泪、频频用头等。病情严重时，病鸡精神沉郁、食欲废绝、羽毛松乱、体温升高、怕冷扎堆，甚至引起死亡。康复鸡则大多发育不良，形体消瘦，蛋雏鸡还会因输卵管损伤而严重影响或完全丧失产蛋能力。成年鸡感染鸡传染性支气管炎后的呼吸道症状较轻微，相比之下产蛋性能的变化更明显。主要表现为开产期推迟，产蛋量明显下降，降幅在 25％～50％，可持续 4～8 周；同时畸形蛋、软壳蛋、粗壳蛋增多，蛋的品质也下降，蛋清稀薄如水，蛋黄与蛋清分离。康复后的蛋鸡产蛋量很难恢复到患病前的水平。

②肾型。主要发生于 2～4 周龄的鸡。初期（1～4 天）表现轻微呼吸道症状，包括啰音、喷嚏、咳嗽等，但只有在夜间才较明显。呼吸道症状消失后不久，鸡群会突然大量发病，食欲下降、饮水增多、精神不振、拱背扎堆，排出水样白色稀粪，肛门周围羽毛污浊。病鸡因脱水而体重减轻、胸肌发绀，严重者鸡冠、面部及全身皮肤颜色发暗。发病 10～12 天达到死亡高峰，死亡率约 30％。

（3）病理变化

①呼吸型。支气管内有浆液性、卡他性和干酪样分泌物，鼻窦、喉头、气管黏膜充血、水肿、增厚，气囊轻度混浊、增厚，支气管周围肺组织发生小灶性肺炎。产蛋鸡则多表现为卵泡充血、出血、变形、破裂，甚至发生卵黄性腹膜炎。若在雏鸡阶段感染过鸡传染性支气管炎，则成年后鸡的输卵管发育不全，长度不及正常的 1/2，管腔狭小、闭塞。

②肾型。表现为肾脏苍白、肿大、小叶突出。肾小管和输尿管扩张，沉积大量尿酸盐，使整个肾脏外观呈斑驳的白色网线状。在严重病例中，白色尿酸盐不但弥散分布于肾表面，而且会沉积在其主要病变器官，见于气管、支气管、鼻腔、肺等呼吸器官。表现为气管环出血，管腔中有黄色或黑黄色栓塞物。幼雏鼻腔、鼻窦黏膜充血，鼻腔中有黏稠分泌物，肺脏水肿或出血。产蛋鸡的卵泡变形，甚至破裂。

（4）诊断

根据流行特点、症状和病理变化，可做出初步诊断。进一步确诊则有赖于病毒分离与鉴定及其他实验室诊断方法。

（5）防治

①预防。传染性支气管炎病毒血清型很多，毒株之间抗原性差异很大，不同血清型之间不能或很少交叉保护，从而给本病预防带来很大困难。加强饲养管理，降低饲养密度，避免鸡群拥挤，注意温度变化，避免过冷、过热。加强通风，防止有害气体刺激呼吸道。合理配比饲料，防止维生素尤其是维生素 A 的缺乏，以增强机体的抵抗力。

适时接种疫苗。预防本病所用的疫苗有传染性支气管炎弱毒疫苗 H_{120}、H_{52}、4/91 和 28/86（肾型）。首免可在 3～7 日龄用传染性支气管炎 H_{120}-28/86二价苗滴鼻免疫；二免可在 20～30 日龄用传染性支气管炎 H_{52}弱毒疫苗饮水免疫。蛋鸡和种鸡，在肉用鸡免疫的基础上，开产前再用灭活疫苗肌注免疫 1 次。本病高发地区或流行季节，也可将首免提前到 1 日龄，二免改在 7～10 日龄进行，方法同上。对于饲养周期长的鸡群最好每隔 60～90 天用 H_{52}弱毒疫苗喷雾或饮水免疫。

②治疗。本病目前尚无特效治疗方法，改善饲养管理条件，降低鸡群密度，饲料或饮水中添加抗生素等对防止继发感染，具有一定的作用。对肾型传染性支气管炎，发病后应降低饲料中蛋白质的含量，并注意补充电解质，同时用 0.1％～0.2％肾肿解毒药混饮。这些措施将有助于缓解病情，减少损失。由于鸡传染性支气管炎可造成生殖系统的永久损伤，因此对幼龄时发生过传染性支气管炎的种鸡或蛋鸡群需慎重处理，必要时及早淘汰。

7. 如何预防鸡传染性喉气管炎？

鸡传染性喉气管炎是由传染性喉气管炎病毒引起的，以危害育成鸡和成年产蛋鸡为主的一种急性、高度接触性上呼吸道传染病。本病的特征是呼吸困难、咳嗽和咳出含有血液的渗出物。剖检时可见喉头、气管黏膜肿胀、出血和糜烂。

（1）流行病学

各种龄期及品种的鸡均可感染，但以育成鸡和成年产蛋鸡多发。本病一年四季都能发生，但以冬春季节多见。鸡群拥挤，通风不良，饲养管理不善，维生素 A 缺乏，寄生虫感染等，均可促进本病的发生。此病在同群鸡中传播速度快，群间传播速度较慢，常呈地方流行性。本病感染率高，可达 90％～100％，但死亡率较低，一般为 10％～20％。

（2）症状

由于病毒的毒力不同、侵害部位不同，传染性喉气管炎在临床上可分为喉气管型和结膜型。病型不同，所呈现的症状亦不完全一样。

①喉气管型。由高致病性病毒株引起，其特征是呼吸困难，抬头伸颈，表情极为痛苦，有时蹲下，身体就随着一呼一吸而呈波浪式的起伏；伴随着剧烈、痉挛性咳嗽，咳出带血的黏液或血凝块，在病鸡喙角、颜面及头部、背部羽毛，鸡舍墙壁、垫草、鸡笼，邻近鸡身上可见血痕。当鸡群受到惊扰时，咳嗽更为明显。检查病鸡的口腔，可见喉部有灰黄色或带血的黏液，或见干酪样渗出物。病鸡迅速消瘦，鸡冠发紫，有时排出绿色稀粪，衰竭死亡。本病的病

程大约在 15 天，发病后 10 天左右鸡只死亡开始减少，鸡群状况开始好转。产蛋鸡群发病可导致产蛋量下降，下降幅度可达 35％或停产。

②结膜型。由低致病性病毒株引起，流行比较缓和，发病率较低，症状轻。其特征为眼结膜炎，眼结膜红肿，眼睑肿胀，上下眼睑被分泌物粘连，眶下窦肿胀，有的病鸡失明；病程较长，长的可达 1 个月，死亡率低，约为 2％，绝大部分鸡可以耐过。如果有继发感染和应激因素存在，死亡率会有所增加。产蛋鸡产蛋率下降，畸形蛋增多。

（3）病理变化

①喉气管型。本病的典型病理变化在喉头和气管的前半部。发病初期，喉头气管黏膜肿胀，充血、出血，甚至坏死，喉头气管可见带血的黏性分泌物或条状血凝块。中后期死亡鸡喉头气管黏膜附有黄白色纤维素性假膜，并在该处形成栓塞，患鸡多因窒息而死亡。内脏器官无特征性病变。

②结膜型。有的病例单独侵害眼结膜，有的则与喉、气管病变合并发生。结膜病变主要呈浆液性结膜炎，表现为结膜充血、水肿，有时有点状出血。有些病鸡的眼睑，特别是下眼睑发生水肿，而有的则发生纤维素性结膜炎，角膜溃疡。

（4）诊断

本病突然发生，传播快，成年鸡多发，发病率高，死亡率低。临床症状较为典型：张口呼吸，气喘，有干啰音，咳嗽时咳出带血的黏液，喉头及气管上部出血明显。确诊需经病毒分离培养及动物接种实验。

（5）防治

①预防。坚持严格的隔离、消毒等防疫措施是防止本病流行的有效方法。由于带毒鸡是本病的主要传染源之一，故易感鸡只切不可和病愈鸡或来历不明的鸡接触。

在本病流行的地区接种疫苗。一般情况下，在从未发生过本病的鸡场不主张接种疫苗，主要依赖认真执行兽医卫生综合预防措施来预防本病的发生。在该病的疫区和受威胁鸡场，应考虑进行疫苗的免疫接种。用传染性喉气管炎弱毒疫苗给鸡群进行免疫接种：首免在 30～60 日龄，二免在首免后 6 周进行，种鸡或蛋鸡可在开产前 20～30 天再接种 1 次。免疫接种方法可采用滴鼻、点眼免疫。疫苗的免疫期可达半年至 1 年。传染性喉气管炎弱毒疫苗接种后鸡群有一定的反应，不同公司或厂家生产的疫苗反应程度不同，有的可出现结膜炎和鼻炎，严重者可引起呼吸困难，甚至部分鸡只死亡，剖检变化与自然病例相似。由于该病疫苗株毒力偏强，在易感鸡中有传代返祖现象，可引起易感鸡发病，故应用时需严格按说明书进行。

②治疗。此病如继发细菌感染，死亡率会大大增加。结膜炎的鸡可用金霉素眼药水或氢化可的松眼膏点眼，同时用抗生素混饮或拌料；应用平喘药物可缓解症状，盐酸麻黄素每只鸡每天 10 毫克，氨茶碱每只鸡每天 50 毫克，混饮或拌料投服；0.2％氯化铵混饮，连用 2～3 天；中药治疗：中药喉症丸对治疗喉气管炎效果也较好。每只每天用 2～3 粒，每天 1 次，连用 3 天。

8. 如何预防鸡痘？

鸡痘是由禽痘病毒引起的一种缓慢扩散、高度接触性传染病。本病的特征是在无毛或少毛的皮肤上有痘疹（皮肤型），或在口腔、咽喉部黏膜上形成纤维素性坏死性假膜（黏膜型）。由于感染鸡的龄期、病型不同及有无混合感染，死亡率也不同，5％～60％不等。

（1）流行病学

本病各种日龄的鸡都能感染，但以幼雏和中雏最常发病。本病一年四季均能发生，夏秋季多发生皮肤型鸡痘，冬季则以黏膜型鸡痘多见。鸡痘的传播一般要通过损伤的皮肤和黏膜而感染，常见于头部、冠和肉髯外伤或鸡被拔毛后从毛囊侵入。黏膜的破损多见于口腔、食道和眼结膜。蚊子及体表寄生虫在传播本病中起着重要的作用。不良环境因素，如拥挤、通风不良、阴暗、潮湿、体外寄生虫、啄癖或外伤、饲养管理不良、维生素 A 缺乏等，可使鸡痘加速发生或病情加重；如有慢性呼吸道病等并发感染，则可造成大批鸡的死亡。

（2）症状

鸡痘的潜伏期 4～14 天，根据病鸡的症状和病变，可以分为皮肤型、黏膜型和混合型 3 种病型，偶有败血症。

①皮肤型。皮肤型鸡痘的特征是在身体无毛或毛稀少的部分，特别是在鸡冠、肉髯、眼睑和喙角，或泄殖腔的周围、翼下、腹部及腿等形成一种特殊的痘疹。最初痘疹为细小的灰白色小点，随后迅速增大，形成灰色或灰黄色如豌豆大的结节。痘疹表面凹凸不平，结节坚硬而干燥，有时结节的数目很多，可互相连接而融合，产生大的痂块。这些痂块突出于皮肤表面，在体表皮肤存在大约 2 周或稍短的时间之后，在病变的部位产生炎症并有出血。痘痂如被化脓菌侵入，引起感染，则会有化脓、坏死，严重的病例还可引起死亡。产蛋鸡则产蛋量显著减少或完全停产。

②黏膜型（白喉型）。此型鸡痘的病变多发生于口腔、咽、喉、鼻腔、气管及支气管，病鸡表现为精神委顿、厌食，眼和鼻孔流出的液体初为浆性黏液，以后变为淡黄色的脓液。时间稍长，若波及眶下窦和眼结膜，则眼睑肿胀，结膜充满脓性或纤维蛋白性渗出物。口腔和咽喉等处的黏膜发生痘疹，初

呈黄色的圆形斑点，逐渐形成 · 层黄白色的假膜，覆盖在黏膜上面。这层假膜是由坏死的黏膜组织和炎性渗出物质凝固而形成，使病鸡（尤其幼雏）呼吸和吞咽障碍，严重时喙无法闭合，病鸡往往作张口呼吸，发出"嘎嘎"的声音。病鸡由于采食困难，体重迅速减轻，精神萎靡，最后窒息死亡。

③混合型。本型是指皮肤和口腔黏膜同时发生病变，病情严重，死亡率高。

（3）病理变化

①皮肤型鸡痘。特征性病变是局部灶性表皮和其下层的毛囊上皮增生，形成结节。结节起初表现湿润，后变为干燥，外观呈圆形或不规则形，皮肤变得粗糙，呈灰色或暗棕色。结节干燥前切开面出血、湿润，结节结痂后易脱落，出现瘢痕。

②黏膜型鸡痘。其病变出现在口腔、咽喉、鼻、眼或气管黏膜上。黏膜表面稍微隆起白色结节，以后迅速增大，并常融合而成黄色、奶酪样坏死的白喉样膜，将其剥去可见出血糜烂，炎症蔓延可引起眼下窦肿胀和食管发炎。

（4）诊断

根据发病情况，病鸡的冠、肉髯和其他无毛部分的结痂病灶，以及口腔和咽喉部的白喉样假膜就可做出初步诊断。确诊须经组织学检查及病毒分离、鉴定。

（5）防治

①预防。鸡痘的预防应着重做好平时的卫生防疫工作。在蚊子等吸血昆虫活动期的夏秋季应加强鸡舍内的昆虫驱杀工作，以防感染；不同龄期、不同品种的鸡应分群饲养，栏舍的布局应合理，通风要良好，饲养密度不宜过大，饲料应全价，避免各种原因引起啄癖或机械性外伤。

除了加强鸡群的卫生、管理等一般性预防措施之外，可靠的办法是接种疫苗。目前，国内的鸡痘弱毒疫苗有鸡胚化弱毒疫苗、鹌鹑化弱毒疫苗、鸽痘原鸡痘蛋白筋胶弱毒疫苗和组织培养弱毒疫苗。疫苗的接种可采用翼膜刺种法和毛囊涂擦法，组织培养弱毒疫苗还可供饮水免疫。翼膜刺种法是用消毒的钢笔尖或注射针头蘸取疫苗，刺种在翅膀内侧皮下无血管处。刺种后3～4天，刺种部位出现红肿、水泡及结痂，2～3周痂块脱落，免疫期5个月。毛囊涂擦法是在雏鸡的腿部外侧拔去几根羽毛，用消毒的毛笔或小毛刷蘸取经1∶10稀释的疫苗涂在毛囊内，注意拔羽毛时不要引起创伤、出血等。经刺种法或毛囊涂擦法接种的鸡，应于接种后7～10天进行抽查，检查局部是否结痂或毛囊是否肿胀。如局部有反应，表示疫苗接种成功，如无这些变化应予以补种。在一般情况下，疫苗接种后2～3周产生免疫力，免疫期可持续4～5个月。

②治疗。目前尚无特效治疗药物，主要采用对症疗法，以减轻病鸡的症状，防止并发症。皮肤上的痘痂，一般不作治疗，必要时可用清洁镊子小心剥离，伤口涂碘酒、红汞或紫药水。对黏膜型鸡痘，用镊子剥掉口腔黏膜的假膜，用1‰高锰酸钾洗后，再用碘甘油或鱼肝油涂擦。病鸡眼部如果发生肿胀，眼球尚未发生损坏，可将眼部蓄积的干酪样物排出，然后用2％硼酸溶液或1‰高锰酸钾冲洗干净，再滴入5％蛋白银溶液。剥下的假膜、痘痂或干酪样物都应烧掉，严禁乱丢，以防散毒。对于症状严重的病鸡，为防止并发感染可在饲料或饮水中添加抗菌药物，改善鸡群的饲养管理，在饲料中增加维生素A或含胡萝卜素丰富的饲料。

9. 如何预防鸡传染性脑脊髓炎？

鸡传染性脑脊髓炎俗称流行性震颤，是一种主要侵害雏鸡的病毒性传染病，以共济失调和头颈震颤为主要特征。

（1）流行病学

各种日龄鸡均可感染，但仅雏鸡有明显症状。本病流行无明显的季节性，一年四季均可发生，以冬春季稍多。

（2）症状

经胚传递感染的雏鸡，潜伏期为1～7天；经口感染或经接触感染的雏鸡，潜伏期最短的为11天。因此，一般认为出壳后1～7日龄出现症状者系病毒垂直感染所致，11～16日龄表现症状者系水平传染所致。此病主要见于3周龄以内的雏鸡，虽然出雏时有较多的弱雏或可能有一些病雏，但有神经症状的病雏大多在1～2周龄出现。病雏最初表现为迟钝，继而出现共济失调，表现为雏鸡不愿走动而蹲坐在自身的跗关节上，驱赶时可勉强以跗关节着地走路，走动时摇摆不定，向前猛冲后倒下，或出现一侧或双侧腿麻痹。一侧腿麻痹时，走路跛行；双侧腿麻痹，则完全不能站立，双腿呈一前一后的劈叉姿势，或双腿倒向一侧。肌肉震颤大多在出现共济失调之后才发生，在腿、翼，尤其是头颈部可见明显的阵发性震颤，频率较高，在病鸡受惊扰时更为明显。病雏在早期仍能采食和饮水，随着病情的加重便不能走动和站立，采食和饮水困难，随后卧地不起而受到同群鸡的践踏，以致死亡。此病的感染率很高，死亡率不定。种鸡刚受强毒感染后几天内产的种蛋，其孵出的小鸡死亡率高达90％以上，随后逐渐降低。种鸡在感染后1个月，其后代就不再出现新的病例。

1月龄以上的鸡受感染后，除出现血清学阳性外，无任何明显的临床症状和病理变化。产蛋鸡受感染后，除血清学诊断出现阳性反应外，唯一可察觉的异常是1～2周内的产蛋率有轻度下降，下降幅度为10％～20％。由于引起产蛋率下降的因素很多，所以产蛋鸡感染后出现的这种异常现象很容易被忽视。

（3）病理变化

病鸡唯一可见的肉眼变化是腺胃的肌层有细小的灰白区，个别雏鸡可发现小脑水肿。组织学变化表现为非化脓性脑炎、脊髓背根神经炎、脑部血管有明显的管套现象。

（4）诊断

根据流行特点、症状及病变等做出诊断。

（5）防治

本病尚无有效的治疗方法。一般地说，应将发病鸡群扑杀并做无害化处理。如有特殊需要，也可将病鸡隔离，给予舒适的环境，提供充足的饮水和饲料，避免尚能走动的鸡践踏病鸡等。

预防上可采取一般的对待传染病的卫生防疫措施，同时对鸡群接种疫苗。目前有两类疫苗可供选择，一类是致弱了的活病毒疫苗，可经饮水、口服或点眼、滴鼻免疫；另一类是油乳剂灭活疫苗，一般在种鸡开产前的1个月经肌内注射接种。由于鸡传染性脑脊髓炎主要危害3周龄内的雏鸡，所以主要应对种鸡群进行免疫接种，较合适的免疫接种应安排在10～12周龄，经饮水或滴鼻、点眼接种弱毒疫苗，在开产前1个月接种1次油乳剂灭活疫苗。

10. 如何防治鸡白痢？

鸡白痢是由鸡白痢沙门菌引起的，主要侵害雏鸡，在出壳后2周内发病率与死亡率最高，以拉白痢、衰竭和败血症过程为特征，常导致大批死亡。成年鸡感染后多是慢性经过或不显症状，病变主要局限于卵巢、卵泡、输卵管和睾丸。

（1）流行病学

鸡白痢一年四季均可发生，主要流行于2～3周龄的雏鸡，不同品种鸡的易感性有明显差异。饲养管理条件差、雏鸡拥挤、通风不良、温度过高或过低、饲料质量差以及发生其他疫病等都可以成为鸡白痢的诱因。

（2）症状

不同日龄的鸡发生鸡白痢时，其症状差别较大，第2～3周龄死亡率最高，第4周龄时死亡迅速减少。

①雏鸡。雏鸡在5～6日龄时开始发病，第2～3周龄是雏鸡白痢发病和死亡的高峰。严重污染的种鸡场，可造成雏鸡20%～30%的死亡，甚至更高。病鸡精神沉郁，低头缩颈，羽毛蓬松，食欲下降。由于体温升高，怕冷寒战，病雏常扎堆挤在一起，闭眼嗜睡。突出的表现是下痢，排出灰白色稀便，泄殖

腔周围羽毛常被粪便所污染，泄殖腔孔被干燥粪便糊住，病雏排便困难，可见努责、呻吟。有的急性病鸡死前不见下痢症状，如肺部有病变则出现呼吸困难、气喘、伸颈张口呼吸症状。病雏生长缓慢，消瘦，脐孔愈合不良，其周围皮肤易发生溃烂，卵黄吸收不良，腹部膨大。有时可见膝关节发炎肿大，行走不便、跛行或伏地不动。若防治不当，病雏鸡生长发育受阻，长成后有较高的带菌率。病程一般为 4～10 天，3 周龄以上发病的鸡死亡较少。但耐过的病雏多生长发育不良，成为带菌者。

②成年鸡。成年鸡感染后一般呈慢性经过，感染可在鸡群内传播很长时间，但不出现明显的症状，病鸡表现为精神不振、冠和眼结膜苍白、鸡冠萎缩、食欲降低、饮水增加、腹泻。种鸡产蛋率、受精率和孵化率下降，死亡率增高。

（3）病理变化

①雏鸡。急性死亡的雏鸡无明显眼观可见的病变。病程稍长的死亡雏鸡脱水，眼睛下陷，脚趾干枯；心肌、肺、肝、肌胃等脏器出现黄白色坏死灶或大小不等的灰白色结节；肝脏肿大，有条状出血，胆囊充盈；卵黄吸收不良，内容物变性变质、稀薄，外观呈黄绿色，严重者卵黄囊破裂，形成卵黄性腹膜炎；脾有时肿大，常见有坏死灶；肾脏充血或出血，输尿管充斥灰白色尿酸盐。心脏常因结节而变形，有时还可见心包炎和肠炎，盲肠内有干酪样物充斥；若累及关节，可见关节肿胀、发炎。

②成年鸡。成年鸡常为慢性带菌鸡，呈慢性经过的病鸡主要表现为卵巢和卵泡变形、变色、变质。卵泡的内容物有的呈米汤样，稀薄如水；有的内含油脂状或干酪样物质，呈三角形、梨形、不规则形，颜色呈黄绿色、灰色、黄灰色、灰黑色等异常色泽。病变的卵泡常可从卵巢上脱落下来，掉到腹腔中，造成广泛性卵黄性腹膜炎，并引起肠管与其他内脏器官粘连。成年鸡还常见腹水和心包炎。急性死亡的成年鸡，可见肝脏明显肿大、变性，呈黄绿色，表面凹凸不平，有纤维素渗出物被覆，胆囊充盈；纤维素性心包炎，心肌偶尔见灰白色小结节；肺淤血、水肿；脾、肾肿大及点状坏死；胰腺有时出现细小坏死。公鸡感染常见睾丸萎缩和输精管肿胀、渗出物增多或化脓。

（4）诊断

根据本病的流行特点、症状及剖检病变综合分析可做出初步诊断。本病的确诊有赖于病菌的分离培养鉴定。成年鸡呈慢性和隐性经过，可应用凝集反应进行诊断。

（5）防治

①预防。本病应从多个方面采取综合性的预防措施。

检疫净化鸡群：白痢沙门菌主要通过种蛋传递。因此种鸡应严格剔除带菌者，可通过血清学试验，检出阳性反应者。首次检查可在阳性出现率最高的60～70日龄进行，第2次检查可在16周龄时进行，以后每隔1个月1次。发现阳性鸡及时淘汰，直至全群的阳性检出率不超过0.5％为止。

严格消毒：孵化场要对种蛋、孵化器及其他用具进行严格消毒。种蛋最好在产蛋后2小时就进行熏蒸消毒，防止蛋壳表面的细菌侵入蛋内。雏鸡出壳后再进行一次低浓度的甲醛熏蒸。做好育雏舍、育成舍和蛋鸡舍地面、用具、饲槽、笼具、饮水器等的清洁消毒，定期对鸡群进行带鸡消毒。

加强雏鸡的饲养管理：在养鸡生产中，育雏始终是关键，饲养应十分细心，温度、湿度、通风、光照应严格控制。雏鸡应给予碎粒饲料，并少喂勤添，最大限度地减少被白痢沙门菌污染的饲料传入鸡群的可能性。密切注意鸡群动态，发现糊肛鸡应及时隔离或淘汰。

及时投药预防：在鸡白痢沙门菌流行的地区，雏鸡出壳后可饮用2％～5％乳糖或5％的红糖水，效果较好，或在饲料中添加抗生素。

②治疗。治疗本病可采用该菌敏感的抗菌药物进行治疗。但选择药物前，最好先利用现场分离的菌株进行药敏试验。磺胺类药物以磺胺嘧啶、磺胺甲基嘧啶和磺胺二甲基嘧啶为首选药，金霉素、土霉素、诺氟沙星、环丙沙星、恩诺沙星、林可霉素、新霉素、庆大霉素和卡那霉素对鸡白痢均有较好的疗效。经药物治疗的急性病例，可以减少雏鸡的死亡，但痊愈后仍能带菌。

发病时可在饲料中加入土霉素，按0.1％的量拌料，连用5～7天；磺胺二甲氧嘧啶按0.01％拌料，连用5～7天；新霉素按0.02％拌料，连用3～5天；环丙沙星按50毫克/升混饮，连用3～5天。上述药物在使用时要注意交替用药，以免沙门菌形成耐药性。

11. 如何防治鸡伤寒?

鸡伤寒病原为鸡伤寒沙门菌，是鸡的一种败血性传染病，呈急性或慢性经过。特征是下痢、粪便黄绿色，肝肿大，呈青铜色。死亡率主要与鸡伤寒沙门菌的毒力及鸡群的健康状况和环境卫生管理等因素有关。

（1）流行病学

本病主要发生于成年鸡和3周龄以上的中大鸡，3周龄以下的鸡偶尔可发病。本病常呈散发性，有时也会出现地方流行。

（2）症状

鸡伤寒虽然较常见于成年鸡，但也可通过种蛋传播，在雏鸡中暴发。在雏鸡中见到的症状与鸡白痢相似。本病的潜伏期4～5天，根据细菌的毒力和鸡的健康状况而有不同，病程约为 5 天。如果在胚胎阶段感染，常造成死胚或弱雏。在育雏期感染，病雏表现为精神沉郁，体弱嗜睡，发育不良，无食欲，怕冷扎堆并拉白色的稀粪，泄殖腔周围粘有白色物，当肺部受到侵害时，出现呼吸困难。雏鸡的死亡率可达 10%～50%。

中鸡和成年鸡急性暴发本病时，饲料消耗减少，精神委顿，羽毛松乱，鸡冠和肉髯苍白，体温升高 1～3℃，渴欲增加，腹泻、粪便黄绿色。死亡多发生在感染后 5～10 天内，死亡率为 5%～30%。康复鸡往往成为带菌者。成年鸡可能无症状而成为带菌鸡，有时还可发生慢性腹膜炎，鸡呈企鹅式站立。

（3）病理变化

最急性病例无剖检病变或甚轻微。幼雏多发生肝、脾和肾的红肿，亚急性和慢性病例则肝肿大并呈铜绿色，有灰白色或浅黄色粟粒大坏死灶。胆囊肿大并充满胆汁，脾肿大 1～2 倍，常有粟粒大小的坏死灶。心包积水，有纤维素性渗出物，病程长时则与心外膜粘连，心肌有凸出的灰白色坏死灶。肾肿大充血，肌胃角质膜易剥离，肠道外观贫血，肠黏膜有溃疡，以十二指肠较严重，盲肠有土黄色干酪样栓塞物，大肠黏膜有出血斑，肠管间发生粘连。成年鸡卵巢和卵泡变形、变色、变性，且往往因卵泡破裂而引发严重的腹膜炎；发生慢性腹膜炎时，腹膜内有纤维素性渗出物，并造成内脏和肠壁粘连。输卵管内有大量的蛋白和卵黄物质，公鸡睾丸肿胀并有大小不等的坏死灶。急性败血症死亡的鸡只心外膜出血，有浆液性、纤维素性心包炎，出血性肠炎，脾肿大而膨大，脾与肾脏显著充血肿大、表面有细小坏死灶，心包发炎、积水。

（4）诊断

鸡群的病史、症状和病变为本病提供重要的诊断线索，但是要做出确切诊断，必须进行细菌的分离鉴定。急性死亡鸡的肝和脾可分离到细菌；慢性病例多为局部感染，需经血清学检查证实，被感染的部位可能没有可见病灶，因此需要对内脏各器官作本菌的分离培养。

（5）防治

鸡伤寒的防治方法和鸡白痢相同。

12. 如何防治鸡副伤寒？

鸡副伤寒不是单一病原菌引起的疫病，而是沙门菌属中除鸡白痢和禽伤寒沙门菌之外的众多血清型所引起的沙门菌病，统称为鸡副伤寒。

（1）流行病学

本病呈地方流行性，死亡一般仅见于幼龄鸡，以出壳后最初 2 周最常见，第 6～10 天是死亡高峰，1 月龄以上很少死亡。鸡对沙门菌感染的抵抗力随年龄增长而迅速上升，到第3~5周龄时感染水平显著下降。3周龄以上很少引起临床疾病，只有存在其他不利条件时才可能出现高死亡率。但这些存活鸡中有很大部分仍然带菌，成为无症状的排菌者。鸡舍闷热、潮湿，卫生条件不好，密度过大，饲料营养不平衡、缺乏维生素或矿物质，其他诸如鸡球虫病、传染性法氏囊病等都有助于本病的流行。

（2）症状

副伤寒感染的症状与鸡白痢、鸡伤寒极为相似。在临床上的发病严重程度与育雏环境条件、感染程度以及有无其他感染有关。胚胎感染者一般在出壳几天后死亡。如果是在出壳后才感染的雏鸡则表现闭眼、翅下垂、羽毛松乱、厌食、饮水增加、怕冷扎堆，并出现严重的水样下痢，稀粪黏附于肛门周围。少数病鸡还出现眼结膜炎。有时沙门菌侵犯关节引起关节炎。鸡副伤寒的死亡率与饲养管理及卫生条件有关，一般为2%~30%。成年鸡感染后多不表现症状，成为慢性带菌者，症状也比较轻微，表现慢性下痢、产蛋下降、消瘦等。

（3）病理变化

雏鸡急性死亡时病变不明显，病程稍长时可见消瘦，脱水，卵黄凝固、不吸收；肝、脾淤血并伴有条纹状出血或有灰白色针尖大坏死点，胆囊扩张并充满胆汁，肾脏淤血；心包炎，心包积液呈黄色，含有纤维素性渗出物；小肠有出血性炎症，盲肠膨大，内含有黄白色干酪样物质。成年鸡发生副伤寒时，肝、脾、肾肿胀、充血，出血性或坏死性肠炎，腹膜炎，输卵管坏死性或增生性病变及卵巢坏死性病变。慢性时病鸡消瘦，肠黏膜有坏死性溃疡、呈糠麸样，肝、脾及肾肿大，心脏有坏死性小结节。

（4）诊断

根据发病症状、病理变化及流行病学即可初步诊断，进一步的确诊需要细菌的分离鉴定。分离时，根据发病情况不同采样器官有所不同：急性败血症死亡的鸡可自各脏器中分离出副伤寒沙门菌，慢性病鸡以盲肠内容物及泄殖腔内容物检出率较高。雏鸡出壳后，自出雏器内取绒毛分离副伤寒沙门菌是一种有效的检测方法。血清学试验方法有：常量试管凝集试验、快速血清平板试验、快速全血试验、间接血凝试验、微量凝集试验等。

鸡副伤寒的发病症状和病理变化与鸡白痢、鸡伤寒很相似，不易区别。发生关节炎时要注意与病毒性或葡萄球菌性关节炎相区别。

（5）防治

鸡副伤寒的防治方法和鸡白痢相同。

13. 如何防治鸡霍乱?

鸡霍乱又称为鸡出血性败血病,是鸡的一种急性、败血性传染病。本病的病原是多杀性巴氏杆菌。急性病例主要表现为突然发病、下痢、败血症症状及高死亡率,特征病变是全身黏膜、浆膜小点出血,出血性肠炎及肝脏有灰白色针尖大坏死点;慢性病例的特点是鸡冠、肉髯水肿,关节炎,病程较长,死亡率低。

(1)流行病学

本病一年四季均可发生,但在高温多雨的夏秋季节以及气候多变的春季最容易发生。本病常散发或呈地方性流行。雏鸡对巴氏杆菌病有一定的抵抗力,感染较少,3~4月龄的鸡和成年鸡较易感。鸡群的饲养管理不良、体内寄生虫病、营养缺乏、长途运输、天气突变、阴冷潮湿、鸡群拥挤、通风不良等因素,均可促使本病的发生和流行。

(2)症状

自然感染的潜伏期由数小时至5天不等。一般根据其病程长短分为最急性、急性和慢性3种病型。

①最急性型。常发生于该病的流行初期,特别是成年高产蛋鸡易发生。该型生前不见任何临床症状,晚间一切正常,次日发现死鸡。有时见病鸡精神沉郁,倒地挣扎,拍翅抽搐,迅速死亡。

②急性型。此型在流行过程中占较大比例,发病急,死亡快,有的鸡在死亡前数小时方出现症状。病鸡表现为精神沉郁,羽毛蓬松,缩颈闭目,头缩在翅下,不愿走动,离群呆立。病鸡体温升高达43~44℃,少食或不食,饮水增多,呼吸困难,鸡冠及肉髯发紫,有的病鸡肉髯肿胀,有热痛感。口、鼻分泌物增加,常自口中流出黏液,挂于嘴角。病鸡腹泻,排黄白色或绿色稀便,产蛋鸡停止产蛋,最后衰竭、昏迷而死亡。病程短,发病后1~3天死亡。

③慢性型。一般发生于流行后期或本病常发地区,有的是由毒力较弱的菌株感染所致,有的则是由急性病例耐过而转成慢性。病鸡经常腹泻,精神委顿,食欲降低,消瘦;多表现局部感染,如一侧或两侧肉髯肿大,鸡冠苍白,鼻孔常有黏性分泌物流出,鼻窦肿大,喉头积有分泌物而影响呼吸,翅或腿关节肿胀、疼痛,脚趾麻痹而跛行。本病的病程可拖至1个月以上。

(3)病理变化

①最急性型:常见不到明显的病变,偶见到冠、髯呈紫红色,或仅表现为心外膜散布针尖大点状出血,肝脏表面有数个灰黄色或灰白色针尖大小的坏死点。

②急性型。以败血症为主要变化。其特征性病变在肝脏，表现为肝脏体积稍肿大，呈棕色或黄棕色，质地脆弱，在被膜下和肝实质中有数量较多、弥漫性的灰白色或黄白色针尖大至针头大的坏死点。鼻腔内有黏液，皮下组织和腹腔中的脂肪、肠系膜、浆膜、黏膜有大小不等的出血点，胸腔、腹腔、气囊和肠浆膜上常见纤维素性或干酪样灰白色的渗出物。心脏扩张，心包积液，心脏积有血凝块，心肌质地变软；心冠脂肪有针尖大小的出血点，心外膜有出血点或块状出血。小肠特别是十二指肠呈急性卡他性炎症或急性出血性炎症，肠管扩张，浆膜散布小出血点，透过肠浆膜见全段肠管呈紫红色、肠内容物为血样，黏膜高度充血与出血。肺脏高度淤血和水肿。脾脏一般无明显变化，或稍肿大，质地柔软。有的病例，肺脏有出血点或有实质病变区。

③慢性型。因病原菌侵害的器官不同，所表现的病理变化有所差异。当以呼吸道症状为主时，可见鼻腔、气管、支气管呈卡他性炎症，分泌物增多，肺质地变硬，纤维素性、坏死性肺炎，肺组织由于高度淤血与出血，变为暗紫色。局部胸膜上常有纤维素凝块附着。胸腔经常会有淡黄色、干酪样化脓性纤维素性凝块。侵害关节的病例，常见足与翅的各关节呈现慢性纤维素性或化脓性、纤维素性关节炎。关节肿大、变形，关节腔内含有纤维素性或化脓性凝块。

母鸡发生慢性霍乱时，炎症可波及卵巢，引起卵泡坏死、变形或脱落于腹腔内。肝脏大多数仍见有小坏死点，少数病例肝脏高度肿大，表面由红褐色与灰黄色的小结节相间组成、结节大小不一，表面高低不平，质地坚硬。鸡冠、肉髯在淤血的基础上发生结缔组织水肿，继而纤维素渗出，致使冠和肉髯显著肿大、变硬，切面见各层组织间有纤维素性渗出物所构成的凝块，时间稍长可发生坏死。

（4）诊断

鸡霍乱可以根据流行病学、发病症状及病理变化做出初步诊断，但要确诊还要结合细菌学检查结果来综合判定。

（5）防治

①预防。主要有如下措施。

免疫预防：在鸡霍乱多发地区，可用鸡霍乱灭活疫苗或弱毒疫苗进行免疫预防，但菌苗免疫期短，免疫效果差。目前国内使用的疫苗有弱毒疫苗和灭活疫苗两种。弱毒疫苗一般在6～8周龄进行首免，10～12周龄进行再次免疫。灭活疫苗一般在10～12周龄首免，肌内注射，16～18周龄再加强免疫1次。

管理措施：鸡霍乱不能垂直传播，雏鸡在孵化场内没有感染的可能性，健康鸡的发病是在入舍后，接触病鸡或其污染物而感染的，因此，杜绝多杀性巴氏杆菌传入鸡舍，对防治鸡霍乱十分重要。鸡舍需经彻底的清洗消毒后才可以引进新鸡饲养。避免底细不清、来源不同、不同日龄的鸡群混合饲养，也要避免一个场内或一个舍内鸡、鸭、鹅等不同禽类混养。尽可能地防止饲料、饮水或用具被污染。非鸡舍人员不得进入鸡舍或场区，饲养员进入鸡舍时应更换衣服、鞋帽，并消毒，防止其他动物如猪、犬、猫、野鸟进入鸡舍或接近鸡群。

②治疗。多种药物对鸡霍乱都有治疗作用，实际疗效在一定程度上取决于治疗是否及时和选用的药物是否恰当。长期使用某一种药物会产生耐药性，影响疗效，因此应结合药敏试验来选择药物。对于产蛋鸡或即将产蛋的鸡，避免使用磺胺类药物，以免影响产蛋。一般连续用药不应少于5天，之后可改换另一种药物，以防止复发；疗程结束后，每隔7～10天或天气骤变时，应当用药1～2天，以防止复发。1个月后可不再定期用药，但要注意鸡群动态，发现复发苗头应及时用药。常用的药物有以下几类：金霉素、土霉素按0.1%拌料喂给，连用3～5天；复方磺胺嘧啶拌料，剂量为0.01%～0.02%，连喂3～5天，疗效良好；环丙沙星混饮，连用3～5天；群体较小时可使用兽用青霉素、链霉素肌内注射，每千克体重每天各5万国际单位，连用3天。兽用庆大霉素每千克体重每天1万国际单位。

最急性、急性型鸡霍乱应先注射给药2次，然后在饲料或饮水中给药5～7天。

14. 如何防治鸡大肠杆菌病？

大肠杆菌病是由某些致病性血清型大肠杆菌引起的禽类不同类型疾病的总称。本病的病原为大肠埃希杆菌，简称大肠杆菌。其特征是引起鸡心包炎、肝周炎、气囊炎、腹膜炎、输卵管炎、滑膜炎、大肠杆菌性肉芽肿、败血症等病变。

（1）流行病学

各种日龄的鸡均可感染大肠杆菌，以1月龄前后的雏鸡发病较多。本病一年四季均可发生，但以冬春寒冷和气温多变季节多发。大肠杆菌病是一种条件性疾病，在卫生条件好的鸡场，本病造成的损失很小，但在卫生条件差、通风不良、饲养管理不善的鸡场，可造成严重的经济损失。此外，本病常继发或并发霉形体病、鸡霍乱、传染性支气管炎、新城疫、曲霉菌病、葡萄球菌病、沙门菌病、鸡副嗜血杆菌病、念珠菌病、球虫病等疾病，且在发病上具有相互促进作用，死亡率升高。

（2）症状

鸡大肠杆菌病无特征性临床症状，症状表现与其感染时的日龄、持续时间、受侵害的组织器官以及是否并发其他疾病有关。在临床上常见的有急性败血型、卵黄性腹膜炎型、生殖型（输卵管炎、卵巢炎、输卵管囊肿）、腹膜炎、大肠杆菌性肉芽肿、神经型（脑炎型）、眼炎型、脐炎型，危害最大的是急性败血型。共同的症状表现为精神沉郁，食欲下降，羽毛粗乱，消瘦。侵害呼吸道后会出现呼吸困难，黏膜发绀。侵害消化道后出现腹泻，排绿色或黄绿色稀便；侵害关节后表现为跗关节或趾关节肿大，在关节的附近有大小不一的水泡或脓疱，病鸡跛行；侵害眼时，眼前房积脓，有黄白色的渗出物；侵害大脑时，出现神经症状，表现为头颈振颤，呈阵发性。

（3）病理变化

因大肠杆菌侵害的部位不同，有不同的病理变化。

①大肠杆菌败血症。病鸡突然死亡，皮肤、肌肉淤血，血液凝固不良，呈紫黑色。肝脏肿大，呈紫红色或铜绿色，肝脏表面散布白色的小坏死灶。肠黏膜弥漫性充血、出血，整个肠管呈紫色。心脏体积增大，心肌变薄，心包膜充满大量淡黄色液体。肾脏体积肿大，呈紫红色。肺脏出血、水肿。

②肝周炎。肝脏肿大，肝脏表面有一层黄白色的纤维蛋白附着，肝脏变形，质地变硬，表面有许多大小不一的坏死点。脾脏肿大，呈紫红色。严重者肝脏渗出的纤维蛋白与胸壁、心脏、胃肠道粘连。

③气囊炎。若空气被大肠杆菌污染，吸入后即可发病，多侵害胸气囊，也能侵害腹气囊。表现为气囊混浊，气囊壁增厚，气囊不透明，气囊内有黏稠的黄色干酪样分泌物。

④纤维素性心包炎。表现为心包膜混浊、增厚，心包膜中有脓性分泌物，心包膜及心外膜上有纤维蛋白附着，呈白色。严重者，心包膜与心外膜粘连。

⑤大肠杆菌性肉芽肿。本病侵害雏鸡与成年鸡，以心脏、肠系膜、胰脏、肝脏、肠管多发，在这些器官可发现粟粒大的肉芽肿结节。肠系膜除散布肉芽肿结节外，还常因淋巴细胞与粒性细胞增生、浸润而呈油脂状肥厚。

⑥眼球炎。单侧或双侧眼肿胀，有干酪样渗出物，眼结膜潮红，严重者失明。镜检可见全眼都有异染性细胞和单核细胞浸润，视网膜完全破坏。

⑦输卵管炎。产蛋鸡感染大肠杆菌时，常发生慢性输卵管炎，其特征是输卵管高度扩张，内积异形蛋样渗出物，表面不光滑，切面呈轮层状，输卵管膜充血、增厚。

⑧卵黄性腹膜炎。由于卵巢、卵泡和输卵管感染发炎，进一步发展成为广泛的卵黄性腹膜炎，故大多数病鸡突然死亡。剖开腹腔，见腹腔中充满淡黄色腥臭的液体和破坏的卵黄，腹腔脏器的表面覆盖一层淡黄色凝固的纤维素性渗出物。肠系膜发炎，使肠祥互相粘连，肠浆膜散布针头大的点状出血。卵巢中

的卵泡变形，呈灰色、褐色或酱色等不正常色泽，有的卵泡皱缩。积留在腹腔中的卵泡，如果时间较长即凝固成硬块，切面呈层状。破裂的卵黄则凝结成大小不等的碎片。输卵管黏膜发炎，有针头状出血点和淡黄色纤维素性渗出物。

⑨鸡胚与幼雏早期死亡。由于蛋壳被粪便沾染或产蛋母鸡患有大肠杆菌性卵巢炎或输卵管炎，致使鸡胚卵黄囊被感染，故鸡胚在孵出前，尤其是临出壳时即死亡。受感染的卵黄囊内容物从黄绿色黏稠物质变为干酪样物质，或变为黄棕色水样物。也有一些鸡在出壳后直至3周龄这段时间陆续死亡，除卵黄变化外，多数病雏还有脐炎，4天以上的雏鸡经常伴发心包炎。被感染的鸡胚或雏鸡不死的则常表现卵黄不吸收与生长不良。

⑩脑炎型。幼雏及产蛋鸡多发。脑膜充血、出血，脑实质水肿，脑膜易剥离，脑壳软化。

（4）诊断

根据本病的流行特点、症状及病理变化可做出初步诊断，但确诊需进行细菌的分离鉴定。

（5）防治

①预防。主要有以下措施。

加强卫生：大肠杆菌病是条件性致病菌引起的一种疾病，该病的发生与外界各种应激因素有关。防治的原则首先应该改善饲养环境条件，加强对鸡群的饲养管理，改善鸡舍的通风条件，认真落实鸡场卫生防疫措施，控制霉形体病等呼吸道疾病的发生，加强种蛋的收集、存放和孵化的卫生消毒管理，做好常见病的预防工作，减少各种应激因素，避免诱发大肠杆菌病的流行与发生。特别是育雏期保持舍内的温度，防止空气及饮水的污染，定期进行鸡舍的带鸡消毒，在育雏期适当地在饲料中添加抗生素，有利于控制本病的暴发。

免疫接种：目前已研制出针对主要致病血清型 $O_2：K_1$ 和 $O_{78}：K_{80}$ 等的多价灭活疫苗。但鉴于大肠杆菌血清型较多，不同血清型抗原性不同，菌株之间缺乏完全保护，因此这种疫苗有一定的局限性。在常发病的养鸡场，可从本场病鸡中分离致病性的大肠杆菌，选择几个有代表性的菌株制成自家（或优势菌株）多价灭活油乳剂疫苗。在雏鸡 $7\sim15$ 日龄、$25\sim35$ 日龄、$120\sim140$ 日龄各免疫1次，对减少本病的发生具有较好的效果。

②治疗。鸡群发生大肠杆菌病后，可以用药物进行治疗，但大肠杆菌对药物极易产生耐药性，因此，采用药物治疗时，最好进行药敏试验，且要注意交替用药。给药时间要早，早期投药可控制早期感染的病鸡病情，促使痊愈，同时可防止新发病例的出现。某些已发生各种实质性病理变化的患病鸡，治疗效果极差。在生产中可交替选用以下药物：0.02%新霉素拌料，连用 $3\sim5$ 天；

0.1%利高霉素拌料，连用 7 天；0.01%～0.02%复方磺胺嘧啶拌料，连喂3～5 天。氟甲砜霉素（氟苯尼考）拌料，连用 5～7 天；环丙沙星或恩诺沙星或氧氟沙星 50 毫克/升混饮，连用 3～5 天。

15. 如何防治鸡葡萄球菌病？

鸡葡萄球菌病是主要由金黄色葡萄球菌引起的人畜禽共患传染病。在临床上主要引起鸡的腱鞘炎、化脓性关节炎、黏液囊炎、败血症、脐炎、眼炎等多种病型。

（1）流行病学

金黄色葡萄球菌对各种日龄的鸡都可感染，但以 30～70 日龄的鸡发病最多，成年鸡发病较少。本病一年四季均可发生，以雨季、潮湿和气候多变时多发。鸡对葡萄球菌的易感性与表皮或黏膜创伤的有无、机体抵抗力的强弱、葡萄球菌污染的程度以及鸡所处的环境优劣有密切关系。某些疾病或人为因素也可成为发生葡萄球菌病的诱因，如刺种鸡痘、断喙、网刺、刮伤和扭伤、啄伤、脐带感染，饲养管理不善，如拥挤、通风不良、饲料单一、缺乏维生素及矿物质等，免疫系统由于传染性法氏囊病或马立克病等病毒感染而遭到破坏，容易发生败血性葡萄球菌病，并导致感染鸡急性死亡。

（2）症状

①急性败血型。病鸡精神不振，常呆立一处或蹲伏，两翅下垂，缩颈，呈嗜睡状，羽毛蓬松无光泽，饮、食欲减退。部分病鸡下痢，排出灰白色或黄绿色稀粪。胸腹部、大腿内侧皮下浮肿，滞留数量不等的血样渗出液，外观呈紫色或紫褐色，有波动感，局部羽毛脱落或用手一摸即可掉落。有的病鸡可见自然破溃，流出茶色或暗红色液体，周围羽毛被沾染。有的鸡在翅膀背侧及腹面、翅尖、尾、脸、背及腿等不同部位的皮肤出现大小不等的出血、炎性坏死，局部干燥结痂，暗紫色，无毛。早期病例局部皮下湿润，暗紫红色，溶血，糜烂。这些症状多发生于中雏，病鸡在 2～5 天死亡，急性者 1～2 天死亡。

②关节炎型。病鸡表现为跛行，多伏卧，可见多个关节肿胀，特别是趾关节，呈紫红或紫黑色，有的破溃并结成污黑色痂。有的鸡出现趾瘤，脚掌肿大。有的趾尖发生坏死，呈黑紫色。有的病鸡趾端坏疽，干脱。病鸡逐渐消瘦，最后衰弱死亡。此型病程多为 10 余天。

③脐炎型。脐炎型是孵出不久雏鸡发生葡萄球菌病的一种病型。由于某些原因，鸡胚及新出壳的雏鸡脐孔闭合不全，葡萄球菌感染后，引起脐炎。可见脐部肿大，局部呈黄红、紫黑色，质地稍硬，间有分泌物，常被称为"大肚

脐"。脐炎型病鸡在出壳后 2～5 天死亡。

（3）病理变化

①急性败血型。病死鸡胸部、前腹部皮肤呈紫黑色或浅绿色浮肿，有的自然破溃则局部沾染。整个胸、腹部皮下充血、溶血，呈弥漫性紫红色或黑红色，积有大量粉红色、浅绿色或黄红色胶冻样水肿液，胸腹部甚至腿内侧见有散在出血斑点或条纹。肝肿大，淡紫红色，有花纹或花斑样变化。在病程稍长的病例，肝脏表面还可见数量不等的白色坏死点。脾肿大，紫红色，有白色坏死点。心包积液，呈淡黄色，心内膜、外膜、冠状脂肪有出血点或出血斑。肠道黏膜充血、出血。肺充血，肾淤血、肿胀。

②关节炎型。关节肿大，滑膜增厚，充血或出血，关节囊内有浆液，或有黄色脓性、浆性、纤维素性渗出物，病程较长的慢性病例形成干酪样坏死，甚至关节周围结缔组织增生及畸形。

③脐炎型。脐部肿大，呈紫红或紫黑色，有暗红色或黄红色液体，时间稍久则为脓样干涸坏死物。肝脏有出血点。卵黄吸收不良，呈黄红或黑灰色。

（4）诊断

鸡葡萄球菌病的诊断主要根据发病特点、症状及病理变化做出初步诊断，最后确诊还需要结合实验室检查来综合判断。

（5）防治

①预防。主要有如下措施。

免疫：国内用于鸡葡萄球菌病防治的疫苗有油乳剂疫苗和氢氧化铝疫苗，在 20～25 日龄免疫接种，保持免疫期 2 个月左右，对鸡葡萄球菌病可起到良好的预防效果。

卫生管理措施：葡萄球菌是环境中广泛存在的细菌，因此可以通过加强卫生管理来有效预防本病。

采用科学的饲养管理：鸡饲料中要保证合适的营养物质，特别是要供给足够的维生素和矿物质，保持良好通风和适当干燥，避免拥挤，防止和减少外伤发生。消除鸡笼、用具上的尖锐部分。适时断喙，防止鸡群发生啄癖。适时接种鸡痘疫苗，防止鸡痘发生。

做好消毒日常管理工作：做好鸡舍、用具和饲养环境的日常清洁卫生及消毒工作，以减少或消除传染源，特别在断喙、免疫接种时要做好消毒工作，以避免葡萄球菌感染。可用 0.3％过氧乙酸等进行带鸡消毒。注意种蛋、孵化器及孵化过程和工作人员的清洁、卫生和消毒工作，防止污染葡萄球菌，引起鸡胚、雏鸡感染或发病。

加强对发病鸡群的管理：鸡场一旦发生葡萄球菌病，要立即对鸡舍、饲养管理用具进行严格消毒，以杀死散布在环境中的病原体，从而达到防止疫病发展和蔓延的目的。

②治疗。常用的抗生素（如新霉素）、磺胺类药物等都有一定治疗效果。但由于饲料中添加抗生素，使葡萄球菌耐药性菌株日趋增多，因此，用药前最好经过药敏试验。常用药物有：0.02%新霉素拌料，连用3～5天；0.01%～0.02%复方磺胺嘧啶、阿莫西林拌料，连喂3～5天。注射用药有兽用青霉素、先锋霉素等。

16. 如何防治鸡传染性鼻炎？

鸡传染性鼻炎是由鸡副嗜血杆菌引起的一种以鼻、眶下窦和气管上部的卡他性炎症为特征的急性或亚急性鸡呼吸道传染病。其主要病变为眼、鼻腔和眶下窦发炎，流水样鼻液，眼、面部肿胀，打喷嚏，流泪，厌食、腹泻。本病传播快，发病率高，死亡率低，并造成鸡生长停滞，母鸡产蛋率下降10%～40%。

（1）流行病学

在自然条件下，本病只发生于鸡。各种年龄的鸡都可发生，但以8～12周龄的鸡和成年产蛋鸡多发。初次感染的鸡群，常呈暴发式流行。本病一年四季均可发生，但以寒冷潮湿、气候突变条件下多发。饲养管理不善、密度过大、通风不良等应激因素均可促进本病的发生和流行。本病潜伏期短，传播快（1～5天）。

（2）症状

小鸡病初体温升高至43℃。2～3天后恢复正常，病鸡张口呼吸，鼻流清液，一侧或两侧面部、眼睑、眶下窦肿胀，结膜发炎，有黏脓性干酪样分泌物，有恶臭味。病程长的角膜浑浊、失明。病鸡精神沉郁，羽毛松乱，缩颈，翅下垂，蹲伏一隅，食欲废绝。一般3～5天内死亡，少数病程达1～2周。成年鸡发病初期厌食，闭眼昏睡，不愿走动。典型症状是鼻孔流稀薄的水样清液，并附着饲料，之后转为黏性或脓性分泌物，有时打喷嚏，并在鼻孔周围形成淡黄色干痂而影响呼吸。病鸡中后期出现眼睑和面部一侧性或两侧性水肿。严重的整个头肿大，眼珠陷入肿胀的眼眶内，甚至失明，个别鸡肿胀蔓延至颈部或肉髯。公鸡肉髯肿胀，产蛋鸡产蛋量减少。

（3）病理变化

主病症为鼻腔和鼻窦黏膜呈急性卡他性炎症，黏膜充血、肿胀，表面有大量水样或黏稠的黏液，窦内有渗出物，后成为黄色干酪样物。面部及肉髯水肿。严重时，可见喉头和气管黏膜发红，上附黏稠的液体。产蛋鸡可见卵黄性腹膜炎，卵泡变软或出血，卵巢萎缩。

（4）诊断

根据本病发生急、传播快、发病率高、死亡率低、病鸡鼻腔或鼻窦发炎、流鼻液、打喷嚏、眼睑和面部肿胀、结膜炎、产蛋率下降等情况可以做出初步诊断，确诊需要进行细菌学检查。

（5）防治

①预防。用传染性鼻炎油乳剂灭活疫苗，于5周龄和18周龄分别免疫1次。

②治疗。磺胺甲噁唑（新诺明）拌料，每千克饲料1～2克，连用3～4天；泰乐菌素混饮，每千克水1克，连饮4～5天；替米考星0.01%～0.02%混饮，连用5天。

17. 如何防治鸡坏死性肠炎？

鸡坏死性肠炎是由魏氏梭菌引起的一种散发性疾病，本病主要引起鸡的肠黏膜坏死。

（1）流行病学

本病主要感染2周龄至6月龄的鸡，以2～5周龄的地面平养肉鸡多发。球虫感染及肠黏膜损伤是引起本病发生的一个重要因素。此外，饲料发霉变质、饲料中蛋白质含量增加、抗生素滥用、消化不良、垫料板结或环境中魏氏梭菌增多等各种内外应激因素的影响，均可促使本病的发生。

（2）症状

本病主要表现为严重的精神委顿，食欲减退，腹泻及羽毛蓬乱。临床经过极短，严重者常见不到临床症状即已死亡，一般不表现慢性经过。

（3）病理变化

病变主要在回肠和空肠部分，盲肠也有病变。肠壁脆弱、扩张、充满气体，肠黏膜上附着疏松或致密的黄色或绿色的假膜，有时可出现肠壁出血，病变呈弥漫性。

（4）诊断

临床上可根据症状、典型的剖检及组织学病变做出诊断，确诊可采用实验室方法进行病原的分离鉴定。

（5）防治

①预防。加强饲养管理和环境卫生工作，预防球虫病，提高饲料消化率，避免饲养密度过高和垫料堆积，合理贮藏饲料，减少细菌污染等，严格控制各种内外因素对机体的影响，可有效地预防和减少本病的发生。

②治疗。0.001％恩拉霉素、阿美拉霉素、维吉尼亚霉素，0.01％杆菌肽锌、0.1％土霉素，对本病具有良好的治疗和预防作用，一般可通过混饲给药。

18. 如何防治鸡毒霉形体病？

鸡毒霉形体病是鸡的一种接触性、慢性呼吸道传染病。本病特征为上呼吸道及邻近窦黏膜的炎症常蔓延至气管、气囊等部位，表现为咳嗽、流鼻液、气喘和呼吸杂音。本病发展缓慢，病程长，所以也称为慢性呼吸道病（CRD）。虽然本病死亡率不高，但因病程较长，影响肉鸡的发育，使产蛋鸡产蛋率下降，饲料报酬降低，胴体降级和治疗费用增加。本病已成为养鸡业所付出的经济代价最高的疾病之一。

（1）流行病学

各种日龄鸡都能感染，以4～8周龄雏鸡最易感，其病死率和生长抑制的程度都比成年鸡显著。本病一年四季均可发生，但以寒冷季节较为严重，在大群饲养的肉鸡群中更容易流行，而成年鸡多为隐性感染和散发。本病在鸡群中传播较慢，但在新发病的易感鸡群中传播较快。本病的发生及其严重程度与鸡群所处的环境因素密切相关。在本病发生时某些降低机体抵抗力的诱因都有促进病情发展的作用，如环境卫生较差、密度过大、通风换气不良、有毒有害气体浓度过高、气雾免疫、滴鼻免疫、气候突变和寒冷、断喙等均可促使本病的暴发和复发，加重病情，使死亡率上升（死亡率可达30％以上）。

此外，在鸡毒霉形体感染时，各种病原体的并发和继发感染可使本病病情加重，其中主要有传染性支气管炎病毒、传染性喉气管炎病毒、新城疫病毒、多种血清型的致病性大肠杆菌、鸡副嗜血杆菌、多杀性巴氏杆菌、葡萄球菌和多种霉菌等。在生产中，大肠杆菌是鸡毒霉形体感染时最常并发或继发的一种病原微生物。

（2）症状

幼龄鸡表现为鼻孔中流出浆液性或浆液-黏液性鼻液，鼻孔周围被分泌物污染，打喷嚏、甩鼻。当炎症蔓延至下呼吸道时，表现咳嗽、气喘及气管内的呼吸啰音，夜间比白天听得更加清楚。病鸡生长停滞，食欲稍下降，精神不振，逐渐消瘦；继发鼻炎、窦炎和结膜炎时，鼻腔及眶下窦蓄积大量渗出物而出现颜面部肿胀，结膜发炎，流泪，眼睑红肿，眼部突出似"金鱼眼"，一侧或两侧眼球受到压迫，造成萎缩和失明。成年鸡的症状与幼鸡相似，但症状较轻，死亡率很低。产蛋母鸡产蛋率下降，并维持在较低水平上，孵化率降低，弱雏比例增加。

（3）病理变化

剖检时肉眼可见到的主要病变为鼻腔、气管、支气管中含有大量黏稠分泌物，气管黏膜增厚、变红。早期气囊轻度混浊，可见结节性病灶。随病程的延长，气囊增厚，有干酪样渗出物，气囊粘连，有时也能见到肺炎病变。鼻腔、眼下窦内蓄积大量黏液或干酪样物。结膜发炎的病例可见结膜红肿，眼球萎缩或破坏，结膜中能挤出灰黄色干酪样物质。严重病例常伴有心包膜炎、肝包膜炎、输卵管炎。

（4）诊断

根据本病的流行病学特点、临床症状和病理变化，可做出初步诊断。本病的确诊必须进行病原体分离或血清学检查。

（5）防治

①预防。主要有如下措施。

加强饲养管理：防止病、健鸡接触，降低饲养密度，注意通风，保持舍内空气新鲜，防止过热、过冷，定期清粪，防止氨气、硫化氢等有毒有害气体的刺激等，均是防治本病的重要管理环节。此外，坚持"全进全出"制度，定期带鸡消毒，加强消毒防范工作，防止其他传染病的侵入而诱发或加重鸡毒霉形体感染的症状。在接种弱毒疫苗时，要注意鸡群健康状况，有本病感染的雏鸡群不能用气雾法，以免激发本病出现临床症状。

防止垂直传播：一定要从确实无本病的种鸡场购买鸡苗，并在1～3天育雏的饲料或饮水中添加适量的大环内脂类抗生素，以防止垂直传播。

免疫接种：生产中采用较多的是灭活疫苗，对7～15日龄雏鸡颈部皮下注射0.2毫升，成年鸡颈部皮下注射0.5毫升，平均预防效果在80%左右。注射灭活疫苗后15日开始产生免疫力，免疫期约5个月。

②治疗。某些抗菌药物对本病有一定的疗效，特别是发病初期和临床症状轻微者效果更加明显。待病程进入中后期，器质性病变比较严重时往往疗效不佳。在治疗本病时可用环丙沙星50毫克/升混饮，0.01%泰乐菌素、0.01%泰妙菌素、0.04%磷酸替米考星拌料。疗程不应少于5天，同时加强饲养管理，改善卫生条件，否则难以收到良好效果。

19. 如何防治鸡滑液囊霉形体病？

鸡滑液囊霉形体感染，其病原为滑液囊霉形体，是鸡的一种急慢性传染病，该病病程长，病鸡表现为精神差，羽毛粗乱，消瘦，喜卧，死亡率低，关节肿大，滑液囊和腱鞘发炎症状明显，严重影响鸡的生产能力。

（1）流行病学

鸡滑液囊霉形体既可水平传播，也可垂直传播。该病主要通过健康鸡和病鸡的接触水平传播，呼吸道是该病的主要水平传播途径，气管是主要的靶组织。另外，鸡群接触被病原体污染的饲料、衣物、动物和饲养器具也可被感染。经蛋的垂直传播危害更大，经蛋传染的最高峰在种群感染后的1～2个月，病原潜伏在鸡体内数天到数个月，一旦鸡群受到不良因素的刺激，则很快发病。经蛋感染的雏鸡可见1周龄内发病，4～16周龄的鸡多见。初期为急性经过，急性期过后的慢性感染或隐形感染可持续数月或数年，成年鸡偶见。

（2）症状

因鸡滑液囊霉形体不同毒株的致病力有较大差异，故临床上症状也有所不同。感染初期，病鸡精神尚好，饮食正常；病程稍长，则精神不振，独处，喜卧，常待在料槽和水槽边，食欲下降，生长停滞，消瘦，脱水，鸡冠苍白，严重时鸡冠萎缩，呈紫红色。典型症状是跗关节和跖关节肿胀、跛行，甚至变形。慢性病例可见胸部龙骨出现硬结，进而软化为胸囊肿。成年鸡症状轻微，仅关节肿胀，体重减轻。但有些鸡偶见全身性感染却无明显的关节肿胀。

（3）病理变化

鸡病初水肿，有渗出物，呈黄色或灰色，清亮，有黏性，随病程发展，渐次混浊，最终呈干酪状。严重病例甚至在头顶和颈上方出现干酪物。受影响的关节呈橘黄色，有时关节软骨出现糜烂，组织病理学检查可见软组织水肿，腱鞘和滑液囊腔有异嗜性细胞浸润，随后因单核细胞和浆细胞浸润而变厚，有时异嗜性细胞炎性变化扩展到下层骨，形成纤维素样变性。内脏器官一般不见特征性病变。

（4）诊断

根据病史、临床症状及病变可做出初步诊断，由于该病的症状和病理变化并不是特征性的，故确诊需将初步诊断结果与血清学检测结果相结合。用于病原分离的组织包括气管、气囊、肝脏、脾脏、滑液囊和病变关节渗出液等。渗出液必须取自发病初期的病变关节，否则可能检测不到病原体。常用的血清学检测方法有平板凝集反应、试管凝集反应与血凝抑制试验等，也有关于酶联免疫吸附试验、PCR扩增技术等的报道，最常用的为平板凝集反应。

（5）防治

①预防。加强管理，提供适宜的饲养环境，减少应激，可以降低该病的发生概率。实行全进全出的饲养模式，增加批间隔，加强消毒和检疫，淘汰病鸡，也能降低该病发生概率，减少经济损失。加强种鸡检疫，淘汰带菌鸡，可减少经蛋传染。1日龄注射利高霉素可预防垂直传播。

免疫接种：21日龄免疫鸡滑液囊霉形体活苗（或0.5羽份的灭活菌），分别在14周和20周前再免疫鸡滑液囊霉形体灭活苗。

②治疗。鸡滑液囊霉形体感染治疗常用的药物有泰乐菌素、泰妙菌素、替米考星、强力霉素、土霉素、卡那霉素、林可霉素、链霉素、恩诺沙星、氟苯尼考等，拌料、饮水均可。

20. 如何防治鸡曲霉菌病？

鸡曲霉菌病是鸡的一种真菌性疾病。引起鸡曲霉菌病的主要病原为烟曲霉和黄曲霉。本病的特征是呼吸道发生炎症和形成小结节，故又称为霉菌性肺炎。本病主要发生于幼鸡，呈急性、群发性暴发，发病率和死亡率都较高。

（1）流行病学

各种日龄鸡都有易感性，以幼雏易感性最高，常为群发性和呈急性经过，成年鸡仅为散发。出壳后的幼雏进入被霉菌严重污染的育雏室或装入被污染的笼具，2～3天后即可开始发病和死亡。4～12日龄是本病流行的高峰，以后逐渐减少，至3～4周龄时基本停止死亡。育雏阶段的饲养管理及卫生条件不良是引起本病暴发的主要诱因。育雏室内日夜温差大，通风换气不良，密度过大，阴暗潮湿以及营养不良等因素，都能促使本病的发生和流行。另外，孵化器污染严重时，在孵化时霉菌可穿过蛋壳而使胚胎感染，刚孵出的幼雏不久便出现症状。

（2）症状

雏鸡开始减食或不食，不愿走动，翅膀下垂，羽毛松乱，嗜睡，对外界反应淡漠。接着出现呼吸困难、气喘、呼吸次数增加等症状，但与其他呼吸道疾病不同，一般不发出明显的"咯咯"声。病雏头颈伸直，张口呼吸，眼、鼻流液，饮欲增加，迅速消瘦，体温下降。后期腹泻。若食道黏膜受侵害，出现吞咽困难。病程一般在1周左右，发病后如不及时采取措施，死亡率可达50%以上。

有些雏鸡可发生曲霉菌性眼炎，通常是一侧眼的瞬膜下形成一黄色干酪样小球，致使眼睑鼓起。有些鸡还可在角膜中央形成溃疡。

（3）病理变化

肺部病变最为常见，肺、气囊和胸腔浆膜上有针头大至米粒或绿豆粒大小的结节。结节呈灰白色、黄白色或淡黄色，圆盘状，中间稍凹陷，切开时内容物呈干酪样，有的互相融合成大的团块。肺脏上有多个结节时，可使肺组织质地坚硬，弹性消失。严重者，在病雏的肺、气囊或腹腔浆膜上有肉眼可见的成团的曲霉菌斑或近似于圆形的结节。病鸡的鸣管中可能有干酪样渗出物和菌丝体，有时还有黏液脓性或胶冻样渗出物。

（4）诊断

根据流行特点、呼吸道症状及剖检变化即可做出初步诊断，但确诊需进行病原的分离与鉴定。

（5）防治

①预防。加强饲养管理，搞好鸡舍卫生，注意通风，保持鸡舍干燥，经常检查垫料，不喂霉变饲料，降低饲养密度，防止过分拥挤。这些都是预防曲霉菌病发生的最基本措施。当饲料中的水分超过 14% 或环境相对湿度超过 85% 时，曲霉菌易于生长，且当温度超过 25℃时曲霉菌生长加快。

在饲料中添加防霉剂是预防本病发生的一种有效措施。

鸡舍垫料霉变，要及时发现，彻底更换，并进行鸡舍消毒，可用福尔马林熏蒸消毒或 0.4% 过氧乙酸或 5% 石炭酸喷雾后密闭数小时，通风后使用。停止饲喂霉变饲料，霉变严重的要废弃，并进行焚烧。

②治疗。制霉菌素对本病有一定疗效，成鸡用量 15～20 毫克、雏鸡 3～5 毫克，混于饲料中，连用 3～5 天。克霉唑对本病治疗效果也较好，其用量为每 100 只雏鸡用 1 克，混饲投药，连用 3～5 天；也可用 1:（2000～3000）的硫酸铜溶液混饮，连用 2～3 天；或在 1 千克水中加入 5～10 克碘化钾，连续 3～4 天。

21. 如何防治鸡念珠菌病？

鸡念珠菌病是由白色念珠菌引起的一种鸡消化道真菌病。本病的特征是在消化道黏膜上形成乳白色斑片并导致黏膜发炎。

（1）流行病学

本病主要见于幼龄鸡，发病率和死亡率较高，随着感染日龄的增长，往往能耐过。当机体营养不良，抵抗力降低，饲料配合不当以及持续应用抗生素，使体内常居微生物之间的颉颃作用失去平衡时，容易引起发病。

（2）症状

鸡患念珠菌病时，多无明显的特征性症状。病鸡多生长不良，发育受阻，精神沉郁，羽毛松乱，采食、饮水减少。一旦全身感染，食欲废绝后约两天死亡。

（3）病理变化

病鸡死后剖检，病变多位于消化道，嗉囊的病变最为明显且常见。急性病例，眼观嗉囊黏膜增厚，黏膜表面有白色圆形隆起的溃疡。慢性病例，嗉囊壁增厚，黏膜表面覆盖黄白色厚层皱纹状坏死物，剥去此坏死物，黏膜面光滑。

此种病变除见于嗉囊外，有时也见于口腔、下部食道和腺胃黏膜。

（4）诊断

根据病鸡消化道黏膜特征性增生和溃疡病灶，即可做出初步诊断。确诊必须取病变组织或渗出物作抹片检查，观察酵母状的菌体和假菌丝，并作分离培养，特别是在玉米培养基上鉴别是否为致病性菌株。

（5）防治

①预防。加强饲养管理，改善卫生条件，舍内应干燥通风，防止拥挤、潮湿；加强鸡舍消毒，可用2%的福尔马林或1%的氢氧化钠溶液进行消毒。饲料中定期拌入制霉菌素或在饮水中加硫酸铜。

②治疗。每千克饲料中加入0.22克制霉菌素，连用5～7天；每100只雏鸡每天用1克克霉唑拌料，连用5～7天；1∶2000硫酸铜溶液混饮，连用5天。

22. 如何防治鸡球虫病？

鸡球虫病是由一种或多种球虫寄生于鸡的肠黏膜上皮细胞而引起的一种急性、流行性原虫病。该病分布广泛，发生普遍，危害十分严重。15～45日龄的鸡发病率最高，死亡率可达80%以上；耐过的病鸡长期得不到康复，生长发育受到严重影响；成年鸡多为带虫者，增重和产蛋能力降低。

（1）流行病学

各种品种和日龄的鸡都对鸡球虫具有易感性，15～45日龄的鸡群最易暴发鸡球虫病，且死亡率较高。成年鸡多因前期感染过球虫而获得了一定的免疫力，当再感染时不表现临床症状而成为带虫者和传染源。球虫卵囊对自然界各种不利因素的抵抗力较强，一般消毒剂不能杀死。26～32℃的潮湿环境有利于卵囊发育。鸡感染球虫的途径和方式是啄食感染性卵囊。

在散养的条件下，本病通常在温暖的4～9月份流行，5～9月最严重。但在集约化饲养条件下，本病一年四季均可发生。卫生条件恶劣、鸡舍潮湿、鸡只拥挤、饲养管理不当时最易发生。此外，某些细菌、病毒或其他寄生虫感染及饲料中缺乏维生素A、K_3，也可促进本病的发生。

（2）症状

①急性型。多见于雏鸡。病鸡精神委顿，羽毛逆立，闭眼缩颈，呆立一旁，食欲减退，泄殖腔周围的羽毛被液状排泄物粘在一起。以后由于肠上皮细胞的大量破坏和自体中毒加剧，病鸡出现共济失调，翅膀下垂，贫血，鸡冠苍白，嗉囊内充满液体，食欲废绝，粪便呈水样、稀薄、带血。若为柔嫩艾美耳球虫病则排血便。末期病鸡昏迷或抽搐。雏鸡自感染后4～7天出现死亡，死

亡率可达 50%～80%，甚至更高。

②慢性型。多见于 4～6 月龄以上的鸡。病程较长，持续数周到数月。症状较轻，有间歇性下痢，逐渐消瘦，产蛋减少，很少死亡。

（3）病理变化

柔嫩艾美耳球虫引起的病变主要在盲肠，可见一侧或两侧盲肠显著肿大，可为正常的 3～5 倍，其中充满新鲜的暗红色血液或凝固的血块；盲肠黏膜斑点状或弥漫性出血；盲肠上皮变厚，有严重的糜烂，甚至坏死脱落，与盲肠内容物、血凝块混合凝固，形成坚硬的"肠栓"。

毒害艾美耳球虫损害小肠中段，可见肠壁扩张、松弛、肥厚和严重的坏死；肠黏膜上有明显的灰白色斑点状坏死病灶和小出血点相间，或呈弥漫性出血；小肠中部向后的肠腔中充满凝固的血液，使肠管在外观上呈淡红色或褐红色。

（4）诊断

用饱和盐水漂浮法或粪便涂片查到球虫卵囊，或者取肠黏膜触片或刮取肠黏膜涂片查到裂殖体、裂殖子或配子体，均可确诊为球虫感染。但由于鸡的带虫现象极为普遍，因此，是不是由球虫引起的发病和死亡，应根据临床症状、流行病学资料、病理剖检情况和病原检查结果进行综合诊断。

（5）防治

①加强饲养管理。保持鸡舍干燥、通风和鸡场卫生，定期清除粪便，堆积发酵，以杀灭卵囊。保持饲料、饮水清洁，笼具、料槽、水槽定期消毒，一般每周 1 次。补充足够的维生素 K_3 和维生素 A 可加速鸡患球虫病后的康复。

②免疫预防。应用鸡胚传代致弱的虫株或早熟选育的致弱虫株给鸡免疫接种，可收到较好的预防效果。

③药物防治。目前防治鸡球虫病的药物种类繁多，防治效果较为理想，应用较广泛的主要有以下几种药物。

地克珠利：1 毫克/千克拌料。

氨丙啉：可拌料或饮水给药。拌料预防浓度为 100～125 毫克/千克，连用 2～4 周；治疗浓度为 250 毫克/千克，连用 1～2 周，然后减半，连用 2～4 周。应用本药期间，应控制每千克饲料中维生素 B_1 的含量，以免降低药效。

莫能霉素：预防按 80～125 毫克/千克拌料。与盐霉素合用有累加作用。

盐霉素（球虫粉、优素精）：预防按 60～70 毫克/千克拌料。

马杜拉霉素（抗球王、杜球、加福）：预防按 5 毫克/千克拌料。

百球清：主要作治疗用药，按 25～30 毫克/千克混饮，连用 2 天。

磺胺类药：治疗已发生感染的病鸡优于其他药物，故常用于球虫病的治疗。常用磺胺喹噁啉，治疗按 60 毫克/千克拌料，连用5～7 天。

④使用抗球虫药应注意的问题。

早诊断，早用药：鸡球虫的致病阶段主要是裂殖增殖期，当粪便中检出卵囊确诊后才用药治疗，为时已晚，所以，防治球虫病最为有效的方法是做好药物预防；平时密切注意鸡群状况，一旦发现鸡出现球虫病先兆或有死鸡，应及时确诊，尽快用药，才能获得较好的防治效果。

防止球虫产生耐药性：若长时间、低浓度单一使用某种抗球虫药，球虫很容易对该药产生耐药性，甚至会对与该药结构相似或作用机理相同的同类药物或其他药物产生交叉耐药性。因此，在养鸡实践中，应在短时间内有计划地交替、轮换使用不同种类的抗球虫药或联合用药，以防止或延缓球虫耐药虫株和耐药性的产生。

合理选用药物：除考虑抗球虫药的安全性、抗球虫效果、抗虫谱、适口性和价格等因素外，应根据抗球虫药作用于球虫的发育阶段和作用峰期、鸡的用途和用药目的等合理选用适宜的抗球虫药。

23. 如何防治鸡住白细胞原虫病？

鸡住白细胞原虫病是由寄生在鸡血液单核细胞和红细胞内的住白细胞原虫引起的一种寄生虫病。本病的病原是一种孢子虫，感染鸡的主要有沙氏住白虫和卡氏住白虫，但大多数是由卡氏住白虫所引起。该病以内脏器官和肌肉出血为特征，表现为鸡冠苍白，所以又叫"白冠病"。

（1）流行病学

本病的传染需要一种吸血昆虫（库蠓）作为传播的媒介（原虫的有性发育需在昆虫体内完成），其发病高峰都在库蠓大量出现的夏秋季节。任何日龄的鸡都能感染本病，3～6 周龄雏鸡和 2～4 月龄青年鸡易感性最高，发病也最严重。本病的传染途径是通过库蠓叮吸鸡血液而感染的。

（2）症状

本病发病很急，病鸡有高热，精神萎靡，食欲消失，流黏性口液，严重贫血，冠和肉髯苍白，腹泻，排出青绿色稀粪。病鸡饮欲增加，呼吸急促，运动共济失调，走路不稳，两肢轻瘫，常伏于地上。雏鸡偶见有咯血症状。病程急促，1～2 日。死前口流鲜血是本病的特征症状。住白虫病的死亡率很高，10%～80%不等。康复鸡的生长和产蛋性能都较差。

（3）病理变化

剖检特征性变化是口腔内积有血凝块，鸡冠苍白，全身性广泛出血，肌肉及一些器官出现灰白色小结节。可见全身皮下出血，肌肉特别是胸肌和腿部肌肉有散在出血斑点。肺脏、肾脏和肝脏广泛出血，严重的可见两侧肺叶都充满血液。肾脏周围大片出血，甚至整个肾脏被凝血块覆盖。心脏、脾脏、胰腺及胸腺有出血点，口腔及跨裂处有血样黏液阻塞，气管、嗉囊、腺胃、肌胃以及肠黏膜有出血点，胸腔有时可见积血，软脑膜及脑实质也有出血点。此外，胸部及腿部肌肉、心肌、肝脏、脾脏及胰腺出现针尖大至小米大、界限清楚的灰白色小结节。

（4）诊断

雏鸡和青年鸡发病严重，病程短促，大批死亡；病鸡死前口吐鲜血；鸡冠苍白，排黄绿色稀便，有时出现血便；全身肌肉、内脏器官广泛出血，并可见芝麻大小的灰白色小结节。必要时，可取病变部小结节，压片或取病鸡静脉血涂片，用姬姆萨染色，在显微镜下检查白细胞里面的原虫，可见处于不同发育阶段的虫体。

（5）防治

消灭吸血昆虫库蠓是预防本病的主要环节。库蠓多在流行季节的清晨及晚间飞入鸡舍吸血，可用 0.2％除虫菊酯煤油溶液或 0.005％溴氰菊酯溶液喷洒鸡舍和周围环境，隔 10～15 天再用 1 次，可杀灭库蠓，杜绝病原侵入。

可选用的预防及治疗药物有以下几种。用磺胺间甲氧嘧啶治疗时，以 0.1 克/千克均匀拌入饲料中，喂服 14 天。用磺胺二甲氧嘧啶预防时，0.2％拌料，连用 3 天；或 0.1％～0.2％配比均匀混入饮水中，连用 3 天。用磺胺二甲氧嘧啶治疗时，先以 0.5％拌料喂服 2～3 天，再按 0.3％比例拌料，喂服 2～3 天。

24. 如何防治鸡蛔虫病？

鸡蛔虫病是由鸡蛔虫引起的一种肠道寄生虫病。鸡蛔虫的发育不需要中间宿主，成虫主要寄生在鸡的小肠内，数量多的时候在嗉囊、肌胃、盲肠和直肠中都可发现虫体。

（1）流行病学

感染性虫卵在土壤内一般可保持 6 个月的生活力。在阳光直射、沸水处理和粪便堆沤等情况下，可使虫卵迅速死亡。雏鸡及 3～4 月龄鸡易遭侵害，病情也较重。不同品种的鸡抵抗力不同。饲养条件、饲料营养水平与易感性有很大关系。

（2）症状

幼鸡对蛔虫病的易感性最高，发病也最严重。幼鸡感染蛔虫病以后，生长不良，精神萎靡，行动迟缓，常呆立不动，翅膀下垂，羽毛松乱，鸡冠苍白，黏膜贫血。食欲减退，腹泻，逐渐消瘦。粪中常见有蛔虫排出。

4个月以上的鸡，随着日龄的增长对蛔虫病的抵抗力也逐渐增强。1年以上的成年鸡一般不会严重感染，这是一种年龄免疫现象。成年鸡一般不表现症状，个别严重感染的则出现生长不良，贫血。母鸡产蛋量降低和发生腹泻。

（3）病理变化

胸腺萎缩，小肠黏膜充血、出血、水肿，肠内容物中有大量蛔虫，有时胃内也见到虫体。严重时，虫体缠绕成团，阻塞肠道，形成肠梗阻。有时可发生肠穿孔，引起急性腹膜炎，腹腔积较大量混浊液体，其中含有黄色絮状物，腹壁粗糙，有出血点。在十二指肠和回肠上有时可见小米粒大黄白色结节，中间有时出现化脓。

（4）诊断

病鸡进行性消瘦，下痢与便秘交替出现，血便，有时还可见蛔虫；肠内容物中有大量蛔虫。根据临床症状及肠内容物内有大量虫体可以作出诊断。必要时，可采集粪便检查虫卵。

（5）防治

①严格注意鸡群卫生，防止虫卵散播和发育，以消灭蛔虫病的传染来源。运动场的场地要高燥，排水通畅，填平洼坑。鸡粪每天清扫，堆贮发酵以杀死其中虫卵。如果条件许可，运动场最好能采取轮换制。鸡舍内的垫料定期更换，换下的垫料最好烧毁。饮水器和饲料槽定期必须清洗。

②4月龄以内的鸡要与成年鸡分开饲养。

③鸡群经常进行驱虫，可以减轻场地的污染程度。饮水中添加0.025%的枸橼酸哌嗪，可以防止感染蛔虫。

④治疗蛔虫病的药物较多，可以选择使用。越霉素A：10毫克/千克拌料；潮霉素B：10毫克/千克拌料；氟苯达唑：30毫克/千克拌料，4～7天；丙硫苯咪唑：30毫克/千克拌料，一次喂服。

25. 如何防治鸡绦虫病？

鸡绦虫病是由节片戴文绦虫、棘沟赖利绦虫、四角赖利绦虫和有轮赖利绦虫4种绦虫引起的鸡常见的一类寄生虫病。本病可引起病鸡肠炎和消化吸收障碍，致使其生长发育缓慢，产蛋量下降或没有产蛋高峰期。

（1）症状

寄生于鸡小肠内的绦虫，用头节破坏肠壁黏膜，引起出血，严重影响消化功能。病鸡表现为生长发育不良，消瘦，精神不振，食欲下降，不愿活动，呆立，羽毛蓬乱。病期长的可出现贫血，鸡冠、肉髯及眼结膜苍白或轻度黄染。

下痢，粪便呈白色水样，有时混有血液，粪便中可见多少不等的白色、芝麻粒大、长方形的绦虫节片。当绦虫代谢产物引起鸡体中毒时，则病鸡精神萎靡，最后常因机体衰竭或伴发其他感染而死亡。

（2）病理变化

绦虫以其头节牢固地吸附在鸡的小肠黏膜上，致肠壁损伤，引起肠黏膜出血、坏死和溃疡，黏膜面上覆盖有恶臭的灰黄色黏液。严重时，虫体数量多，堵塞肠管，形成肠梗阻。病程长的，肠黏膜肥厚，呈阶梯状，肠壁弹性降低。若绦虫头节伸到肠黏膜则肠壁可见到凸起、芝麻粒大、灰黄色小结节，结节中央凹陷，内含有黄褐色凝乳状物。

（3）诊断

根据粪便中发现绦虫节片，结合临床症状及剖检变化，可以作出诊断。

（4）防治

防止绦虫虫卵的传播是重要环节。首先保持鸡舍的清洁卫生，及时清除粪便等污物，粪便集中在指定地点进行无害化处理，以杀灭绦虫虫卵；其次要搞好鸡舍周围的环境卫生（特别是蝇类滋生地），消灭中间宿主。

加强饲养管理，保证饲料的卫生与清洁，定期预防性驱虫。

药物驱虫：氟苯达唑，30毫克/千克拌料，连用4～7天。

26. 如何防治鸡组织滴虫病？

鸡组织滴虫病是由鸡组织滴虫引起的鸡的一种急性寄生原虫病。主要侵害盲肠和肝脏，因此被称为"盲肠肝炎"；病鸡头部多呈黑紫色，所以又称"黑头病"。本病的主要特征是盲肠发炎和肝脏表面产生一种具有特征性的坏死溃疡病灶。

（1）流行病学

本病在温暖、潮湿的夏秋季节发病较多，2周龄至4月龄的鸡最易感。成年鸡感染时，症状不明显或没有症状而成为带虫者。本病常发生在卫生管理条件不好的鸡场。鸡群过分拥挤，鸡舍和运动场不清洁，通风和光线不足，饲料营养缺乏，尤其是缺乏维生素A，都是诱发和加重鸡组织滴虫病的重要因素。

（2）症状

本病的潜伏期通常为15～21天，最短的仅为3天。病鸡首先表现为精神委顿，食欲减退至废绝，羽毛粗乱，翅膀下垂，身体蜷缩，怕冷，打瞌睡，腹泻，排出淡黄色或淡绿色稀粪。在急性的严重病例，排出的粪便带血色或完全是血液。有些病鸡的面部皮肤变成紫蓝色或黑色。本病的病程通常为1～3周，3～12周龄幼鸡的死亡率高达50%。康复鸡的粪便中仍含有原虫，带虫时间可达数周以致数月。5 月龄以上的成年鸡很少显现临诊症状。

（3）病理变化

本病的病变主要局限在盲肠和肝脏。一般仅一侧盲肠发生病变，亦有两侧盲肠同时受损害的。最急性的病鸡，仅见盲肠发生严重的出血性炎症，肠腔中含有血液。在一般典型的病鸡，可见盲肠肿大，肠壁肥厚和紧实，肠腔内充满凝固的坏死组织和渗出物。剪开肠腔，内容物干燥坚实，变成一段干酪样的凝固柱子，堵塞肠腔里面；横断切开，可见切面呈同心圆状，中心是黑红色的凝固血块，外面包裹着灰白色或淡黄色的渗出物和坏死物质。如果病鸡痊愈，这种栓子状内容物可以随粪便排出。肝脏的病变具有特征性，体积增大，表面形成圆形或不规则形的、稍稍凹陷的溃疡病灶，溃疡呈淡黄色或淡绿色，边缘稍微隆起。溃疡病灶的大小和多少不定，有时可以相互连成大片的溃疡区。

（4）诊断

应当根据流行病学、症状及病理变化进行综合诊断，尤其是肝脏的溃疡病灶具有特征性，可以作为诊断的根据。该病的确诊，必须检查出病原组织滴虫。

本病在症状上与雏鸡的球虫病很相似，应注意区别。在鸡患严重的球虫病时，采取盲肠内容物检查，很容易发现球虫卵囊，这可以作为鉴别依据。鸡的这两种原虫病，有时也可以同时发生。

（5）防治

防治方法与球虫病基本相同。平时要严格做好鸡群的消毒卫生工作。由于成年鸡体内能够带虫，因此必须和幼鸡分开饲养。幼鸡最好采用网养，不接触地面。异刺线虫的虫卵能够传染鸡组织滴虫原虫，定期用药物驱除鸡群的异刺线虫，对于防治本病的发生，具有重要的预防作用。在经常发病的鸡场，幼鸡饲料中可适当添加药物，直到 6 周龄为止，以控制发病。发病鸡群应将病鸡隔离治疗，重病鸡应淘汰，鸡舍地面用 3％氢氧化钠溶液消毒。

治疗鸡组织滴虫病可用地美硝唑，在饲料中添加 0.05％，连续喂 5 天；二甲硝咪唑，0.06％拌料，连续喂 7 天。

27. 如何防治鸡羽虱病？

鸡羽虱是寄生在鸡皮肤羽毛中的一类体外寄生虫，以皮肤鳞屑、羽毛或羽根部血液为食。羽虱对成年鸡通常无严重致病性，但对雏鸡可造成严重危害。本病一年四季均可发生。但是，在秋冬季节，鸡绒毛密，皮温高，适于羽虱的发育和繁殖，所以秋冬季多发。

（1）症状

羽虱在鸡皮肤上爬行，刺激皮肤引起皮肤瘙痒，可见鸡精神烦躁不安，消瘦，采食量减少。由于羽虱在羽根部吸血，患鸡啄痒也损伤皮肤，可见羽毛脱落，皮肤出血、结痂。雏鸡体质衰弱，生长发育停滞，严重的可引起死亡。蛋鸡产蛋量下降。死鸡剖检之前，用浸了热水的黑色布覆在鸡体上，时间不长即可将黑布打开，可见灰白色的羽虱伏在黑布上，十分明显。

（2）诊断

根据明显的临床症状和发现大量羽虱可作出诊断。

（3）防治

羽虱是一种永久性寄生虫，从虫卵到成虫都生活在鸡的体表。灭虱时，要对鸡体和鸡舍同时进行药物驱虫，驱虫时必须使药物直接接触到羽虱体本身，才能将其杀死。此外，药物对虱卵无杀灭效果，而虱卵的孵化期不超过10天，所以要在10~15天之内用药两次，方能彻底消灭羽虱。治疗可采用下列方法：

①药浴法。可用2.5％溴氰菊酯加4000倍水或用20％氰戊菊酯（杀灭菊酯）乳油剂加4000倍水。药浴时，先浸透鸡体，然后再捏住鸡嘴浸一下鸡头，迅速拿出，擦干羽毛上的剩余药液，将鸡放到水泥地上晒干。

配制药液时注意，水温以12℃为宜，水温超过25℃将会降低药效，超过50℃则失效。药浴要选择在温暖、晴朗的天气进行，以避免羽毛不能及时晒干。

②喷雾法。可用10％二氯苯醚菊酯（除虫精）加5000倍水，用小喷雾器对鸡逆毛喷雾，全身都要喷到，然后喷鸡舍。

③沙浴法。有运动场的鸡场，可在运动场挖一浅池，用10份黄沙加1份硫黄拌匀，放入池中，任鸡沙浴。

选用上述药物，在10~15天内喷雾消毒鸡舍、笼具两次，最好在晚间进行。还可按每立方米用药0.03毫升进行熏蒸消毒，熏后鸡舍密封3小时，均可达到有效的杀虫效果。

28. 如何防治鸡螨病？

螨俗称疥癣虫，对鸡危害严重的有鸡膝螨（脱羽螨）、鸡突变膝螨（鳞足螨）、红螨（栖架蜻）、鸡新勋痒螨（鸡奇棒痒螨）等。它们寄生在鸡的皮肤、羽毛根部或潜伏在腿、脚无毛的鳞片内层，以吸血为生；当大量繁衍滋生时，可引起鸡贫血，甚至死亡。鸡螨是土鸡放养过程常见的体表寄生虫，特别在阴暗、潮湿的饲养场较多见。

（1）症状

鸡螨由于寄生的部位不同，症状也不同。鸡膝螨呈圆形，长约 0.3 毫米，寄生在鸡的羽毛根部皮肤上，虫体沿羽毛侵入皮肤，引起皮肤发炎。病鸡的背部、翅膀、臀部、股部等部位剧痒、脱羽，故称脱羽痒症。病变部位发红，在皮肤上形成斑点，触摸时有脓疮感觉。鸡突变膝螨，长约 0.5 毫米，寄生在鸡腿部下方无羽毛的鳞片内层，引起皮肤发炎、剧痒，病鸡摩擦患部，致使患部出血、渗出，干涸后形成一层灰白色痂皮，像涂上一层石灰，故称"石灰腿"。病鸡行走困难，高抬腿，迈步慢，有时出现走飞交替进行现象。如不及时治疗可引起关节炎、趾骨坏死而畸形，影响采食和生长发育。这两种螨病早期不易被发现，当受到大量虫体侵袭时，可发现贫血、产蛋减少。幼雏失血严重，可引起死亡。

（2）防治

①预防。以上两种螨都是接触感染，多在平养密集条件下发生，一旦感染便迅速传播全群。因此，发现病鸡要立即隔离，对新购入的鸡应严格检查；鸡舍、运动场要保持干燥、卫生，定期消毒；鸡的饲养密度要适中，不能太密；鸡舍通风换气要良好，鸡要多在运动场晒太阳。

②治疗。

鸡膝螨：可用溴氰菊酯治疗，方法是用其喷洒或涂刷栖架、垫草、墙壁等可能藏有螨的地方，污染的垫草应烧掉。一切用具喷药后再用开水烫一遍。鸡体患部用松焦油（松焦油 1 份、硫黄 1 份、软肥皂 2 份、0.5％酒精 2 份，混合后调匀）擦拭，或用 10％硫黄软膏涂擦。

鸡突变膝螨：治疗前先将病鸡的腿浸入温热的肥皂水中，使痂皮变软，除掉痂皮，然后涂一层煤油，每天 1 次，11 天即可痊愈；或用 20％的硫黄软膏、2％的石炭酸软膏涂擦；也可用 0.5％氟化钠溶液浸浴患肢，每周 1 次；还可用 5 份甲酚皂、25 份酒精、25 份软肥皂溶解在一起，涂擦患部，间隔数天 1 次。大群治疗可采用药浴法，可用 0.03％蝇毒磷溶液等。若一次治疗效果不好，经 7～15 天再治疗 1 次。这样，一方面强化治疗效果，另一方面可把新孵化出的幼螨杀死。

29. 如何防治鸡一氧化碳中毒？

一氧化碳中毒又叫煤气中毒。育雏鸡舍的取暖煤炉安装不当、不安装烟筒、烟筒内积聚煤灰过多引起排烟不畅或室内通风不良等都可引起煤炉内产生的一氧化碳在空气中含量增高，被鸡吸入而引起鸡的窒息性中毒，甚至发生大批死亡。若室内空气中一氧化碳的浓度达到 0.04％～0.05％，便会发生鸡的中毒症状。

（1）症状

病雏烦躁不安，流泪，呼吸困难，表现呼吸浅表，呼吸次数增多。运动失常，随后站立不稳或呆立，嗜睡或倒于一侧，最后痉挛死亡。死亡率一般为10％以上，严重时可达70％。

（2）病理变化

血液稀薄，不凝固，呈樱桃红色；皮下及肌肉湿润，呈樱桃红色。内脏器官浆膜及胃肠黏膜也均呈樱桃红色，气管上段及喉头呈樱桃红色；肺脏体积增大，高度水肿，切面可流出大量血色、带有泡沫的液体；肠系膜血管高度淤血，呈紫红色。心肌柔软，心脏扩张，心室内积有大量不凝固的血液。

（3）诊断

根据临诊症状、病理变化及保温设备安全状况的现场检查可作出诊断。

（4）防治

育雏室内的取暖装置，特别是使用煤炉取暖的要注意安全，煤炉必须要有烟筒等排烟设备，并要经常检查烟筒的通畅情况，随时清除积聚于其中的烟灰。夜间封火后，由于煤不能充分燃烧，产生大量一氧化碳，极容易发生中毒，因此夜间值班人员更要特别注意，做到尽职尽责。育雏室内最好安装排风换气扇，定时通风换气，保持室内空气清洁、新鲜。

发现雏鸡有中毒症状时，要立即打开门窗，排出一氧化碳，换过新鲜空气。有条件的，最好将雏鸡移到温暖、空气新鲜的地方。一般轻症中毒的，可以很快恢复。还可以在饮水中加入食醋，让其自由饮水，可缓解中毒症状。

30. 如何防治鸡磺胺类药物中毒？

磺胺类药物是防治鸡的细菌性传染病和寄生虫病的常用药物。如果使用不适当，如使用剂量过大、使用时间过长，会产生毒性。磺胺类药物中毒是临床上常见的中毒病之一。

目前已知对鸡有毒性的磺胺类药物主要有磺胺二甲基嘧啶、磺胺喹噁啉、磺胺脒及磺胺邻二甲嘧啶等，以磺胺二甲基嘧啶的毒性最大。雏鸡比成年鸡敏感。

（1）症状

病鸡精神沉郁，食欲不振或消失，饮欲增加，生长停止，鸡冠和肉髯苍白、贫血，眼结膜苍白或黄染，排酱油状或灰白色稀粪。蛋鸡产蛋量明显下降，软壳蛋及薄壳蛋数量增多。

（2）病理变化

血液稀薄如水，凝固不全或不凝固。典型变化是全身广泛出血，可见皮下和肌肉出血，特别是胸肌和腿部肌肉最明显，散布片状或条状出血斑。肌肉颜色淡黄，失去光泽。心外膜和心肌有条状或线状出血，骨髓呈淡红或黄色，肝脏肿大、色黄，常见出血及灰白色小坏死点。脾脏、肾脏及肺脏也见有出血点，有时可见灰白色小坏死点。腺胃黏膜、浆膜、肌胃角质膜下及肠道黏膜和浆膜有出血点和出血斑。

（3）诊断

了解使用磺胺类药物的情况，包括剂量、使用时间等，并根据磺胺类药物中毒的特征性病变，可以作出诊断。

（4）防治

用磺胺类药物应根据说明书或遵照兽医嘱咐使用，使用剂量应准确计算，不可超过规定使用剂量，使用时间不得超过 7 天。疗效不明显时，不可连用，应该更换其他抗菌药物。使用磺胺类药物必须搅拌均匀，以防个别鸡只采食过量。同时在用药期间应供应充足饮水，并要加强饲养管理，以提高药效。

雏鸡和产蛋鸡不宜使用磺胺类药物。鸡有肝脏及肾脏功能障碍或有全身性酸中毒病症的均应慎重使用或禁用。

一旦发生磺胺类药物中毒要立即停药，并供给充足饮水。将 3% ～ 5% 葡萄糖及 1% 碳酸氢钠（小苏打）加入水中，供鸡只自由饮用，连用 5 ～ 7 天。出血严重的病鸡可使用维生素 K_3，每千克饲料中加 5 毫克，拌匀喂饲，连用 5 ～ 7 天。还可以将饲料中复合维生素 B 的用量增大 1 倍。个别中毒严重的鸡可用维生素 B_{12} 肌内注射，每只鸡 1 ～ 2 微克；或用叶酸肌内注射，每只鸡 50 ～ 100 微克。

31. 如何防治鸡有机磷农药中毒？

有机磷农药是农业上广泛应用的一大类杀虫药，对人和畜禽类都有毒害作用，鸡对这类药物十分敏感。有机磷农药使用或管理不当引起鸡中毒常有发生，如：给鸡饲喂有机磷农药残留量大或刚施过农药便收获的谷物饲料或蔬菜等；对鸡使用体外驱虫药时选择不当或用药量过大或使用方法不适当；放养鸡在刚喷洒过有机磷农药的农田、果园或林地采食了被污染了的饲料、饮水或害虫、青草等。

（1）症状

最急性中毒时，没有任何症状而突然死亡。急性中毒表现为运动失调，盲目奔走或乱飞，瞳孔缩小，流泪，鼻腔流出大量黏液，口腔也流出大量黏稠液体。食欲下降或消失，鸡冠及肉髯呈暗紫色，头颈向腹部弯曲，呼吸困难，频频排粪。后期体温下降，肌肉痉挛、抽搐，最后卧地不起，昏迷，死于衰竭或窒息。

（2）病理变化

尸僵显著，瞳孔明显缩小，皮下肌肉点状出血。嗉囊、腺胃、肌胃及肠道黏膜充血、肿胀，有散在出血点，有时可见糜烂。内容物有某些农药的特殊气味，如马拉硫磷、甲基对硫磷、内吸磷有大蒜臭味；对硫磷有韭菜臭味；而八甲磷则有胡椒粉味。此外，还可见到喉头、气管内充满泡沫样液体，肺淤血、水肿、出血；肺表面可见粉白色突出于表面的灶状气肿；心肌和心冠脂肪出血，右心扩张，心腔内有未凝固的血液；肝脏及肾脏肿胀，呈土黄色；脑充血、水肿；腹腔积有大量液体。

（3）诊断

根据临床症状、特殊的剖检变化及鸡采食过被有机磷农药污染的饲料、饮水或害虫等情况，可以做出诊断。必要时，采可疑饲料及胃内容物作有机磷农药检测或采病鸡血液进行血浆胆碱酯酶活性测定。

（4）防治

加强农药管理，注意农药的使用方法、使用剂量及安全要求。用有机磷农药杀灭鸡舍或鸡体表的外寄生虫时，要严格控制药物使用剂量和浓度。保护鸡场周围环境，严防饲料和饮水受农药污染。不要在刚喷洒过农药的果园、农田放养土鸡。

最急性中毒，多数病鸡来不及治疗即大批死亡。切开嗉囊排出含毒饲料，或灌服1%硫酸铜或0.1%高锰酸钾，有助于将有毒物质分解，缓解中毒症状。

对个别中毒严重的鸡只可注射特效解毒药。解磷定：每千克体重0.2～0.5毫克，一次性肌内注射；25%氯磷定：每只1～2毫升，肌内注射；双复磷：每千克体重40～60毫克，一次性皮下或肌内注射；1%硫酸阿托品：每只鸡0.1～0.2毫升，一次性肌内注射。

32. 如何防治鸡黄曲霉毒素中毒？

由黄曲霉菌的有毒产物黄曲霉毒素引起的鸡只中毒，主要侵害肝脏，引起急性死亡。转为慢性时，可引起癌变。本病主要发生在温暖潮湿的夏秋季节，谷物类如玉米、花生、稻米、小麦以及棉籽饼、豆饼、花生饼、米糠或配合饲料被黄曲霉污染，引起发霉变质，便可产生大量的黄曲霉毒素。鸡采食了这些发霉谷物或饲料，便可引起中毒。以2～6周龄的雏鸡最敏感，中毒后可发生大批死亡。

（1）症状

雏鸡表现为食欲不振，生长不良，衰弱，贫血，鸡冠苍白，排绿色或带血色稀粪，死前可出现惊厥和角弓反张等症状。成年鸡的症状不明显，多呈慢性经过，主要表现食欲减少，消瘦。产蛋鸡开产期推迟或产蛋量下降，蛋变小。有时颈部肌肉痉挛，头向后背。若不及时更换饲料，持续时间过长，可陆续发生死亡。

（2）病理变化

全身性轻度水肿，皮下可呈胶冻状，心包和腹腔积液。皮下和肌肉，特别是胸部和腿部肌肉出血。特征性病变是肝脏肿大，颜色变淡，呈黄白色，有出血斑点，有时可见坏死灶。胆囊胀大，充满胆汁。慢性经过的病鸡表现为肝脏体积缩小，颜色变黄，质地变硬，表面呈高低不平的颗粒状，有灰白色小米粒大或更大的坏死灶。肾脏肿大、苍白，有时见出血点。胰腺也可见出血。法氏囊体积缩小，壁变薄。脾脏体积缩小，呈灰棕色。

（3）诊断

根据发病情况、肝脏变化及饲料霉变情况可作出初步诊断，最后确诊要做霉菌分离以及毒素的定性、定量测定。

（4）防治

根本措施是不喂霉变的饲料。黄曲霉毒素耐受性很强，280℃仍不被破坏，又不溶于水，所以加热、日晒、水洗都不能除去饲料中的黄曲霉毒素。因此要加强饲料保管，保证饲料质量，防止霉变。在工作中要落实到从饲料生产到使用的各个环节。首先，作为饲料的原料或配料的谷物，如玉米、小麦等，收获之后应该尽快进行干燥处理，防止发霉。其次，饲料加工车间、库房要经常保持清洁、干燥，避免饲料发霉。在饲养过程中，要坚持不喂发霉饲料。料槽及饮水器要经常擦洗、消毒，做到少给勤添，防止料槽中饲料堆积过多、受潮、结块。要做到料槽、水槽每天清理，不留剩料及剩水。

目前尚无有效的解毒药物进行治疗，只能采取综合措施，缓解中毒症状。发现黄曲霉毒素中毒后，应该立即更换饲料。尽早服用轻泻药物，促进肠道毒素排出。可选用以下药物：硫酸镁，按每只鸡每天1～5克剂量溶于水中，让鸡自由饮用，连饮2～3天；硫酸钠（芒硝），按每只鸡每天1～5克剂量溶于水中，让鸡自由饮用，连饮2～3天。饲料中增加复合维生素。病鸡舍及存放霉变饲料的库房，要及时消毒，可用甲醛熏蒸或用过氧乙酸喷雾消毒以杀灭霉菌及其孢子，控制污染。

33. 如何防治鸡痛风症？

鸡痛风症是长时间持续的高尿酸血症，致使尿酸盐在鸡关节、软骨、内脏的表面及皮下结缔组织沉积而表现的一系列病理变化和临床症状。鸡痛风症主要是由于饲喂富含核蛋白质和嘌呤碱的蛋白质饲料或维生素 A 缺乏，造成机体代谢产生大量尿酸盐或肾脏尿酸盐排泄障碍所致。此外，本病还与维生素 D 缺乏、饲料高钙低磷、缺水、鸡只密度过大、磺胺类药物用量过大及使用时间过长等管理上的不当因素有关。

某些传染性疾病如传染性支气管炎、传染性法氏囊病以及一些霉菌毒素的中毒都可引起肾功能损害，造成尿酸排泄障碍。由此出现类似痛风的病理变化，不应作为独立的疾病，应进行综合考虑。

（1）症状

鸡痛风症的临床经过一般比较缓慢，很少出现急性死亡，且多发于母鸡。尿酸盐在体内沉积的部位不同，一般分为关节型和内脏型两种。病鸡主要表现为精神欠佳，食欲不振，羽毛松乱或脱毛，冠苍白，贫血，腿、脚皮肤脱水发干。

关节型痛风症还表现为脚趾、腿、翅关节肿大，行动迟缓，跛行，站立困难，关节疼痛。内脏型痛风症还表现为极度消瘦，喜卧，排白色石灰乳样稀便，泄殖腔松弛，周围羽毛被污染，最后脱水死亡。

（2）病理变化

内脏型痛风症可见气管黏膜、皮下、心包、肝脏、肠系膜、肾脏等表面散布一层白色石灰粉样物质。肝脏质脆，切面有白色小颗粒状物。肾脏显著肿大。输尿管粗肿，内蓄积大量尿酸盐，使肾脏表面呈花斑状。重症者出现一侧肾萎缩，肾脏、输尿管中形成大块结石，极为坚硬。关节型痛风症可见关节肿胀，关节腔内有白色石灰乳样尿酸盐。

（3）诊断

根据临诊症状、病理变化可以作出诊断。

本病的诊断应与肾型传染性支气管炎造成的尿酸盐沉积相区别。肾型传染性支气管炎发病较快，死亡率高，且多发于 14～50 日龄雏鸡，病变多为两侧肾脏呈均衡性肿大；而痛风症严重时可引起一侧肾脏萎缩，另一侧肾脏肿大，肾和输尿管有大块结石。此外，法氏囊病和一些霉菌中毒亦可引起肾脏尿酸盐沉积，造成肾肿大，应注意鉴别。

（4）防治

严格按照营养标准进行日粮配合，适当提高多种维生素用量，尤其是维生素 A 的用量，加强饲养管理。

目前对鸡痛风症的治疗尚无有效方法，但通过及时解除各种可能诱发本病的因素，以及采取对症治疗，可以降低发病率和死亡率。如适当降低饲料蛋白质含量，提高维生素A和复合多种维生素的添加量，调节饲料钙磷比例，添加青绿饲料，供给充足的饮水等方法。避免滥用药物，在鸡群发病时应按量、按疗程科学投药，尤其对磺胺类药物使用更要慎重。大群发病时可用肾肿解毒药等类似药物混饮，连用3～5天，可有效地提高肾脏尿酸盐的排泄能力，降低死亡率。

34．如何防治鸡啄癖症?

啄癖是鸡一种异常的嗜好。患啄癖症的鸡互相啄食羽毛、肌肉，或啄食蛋品及其他异物，并常常因此而降低肉鸡的级别，增加鸡群的死亡率，降低饲料报酬，在经济上造成很大的损失。啄癖症在养鸡业中是一种普遍存在、十分复杂和不容易对付的疾病。

（1）病因

引起鸡啄癖的因素主要有以下几个方面：

①营养缺乏。日粮中缺乏蛋白质或某些必需氨基酸（尤其是含硫氨基酸）；钙磷含量不足或比例失调；缺少食盐或其他矿物质、微量元素；缺少某些维生素；饮水供应不足；饲料中大容积性成分不足，鸡无饱腹感。

②环境条件差。鸡舍内温度、湿度不适宜，地面潮湿污秽，通风不良，光线过强，鸡群密集，拥挤；经常停电或突然受到噪声干扰；鸡舍内产蛋箱不足或放置不合理。

③管理不当。不同品种、不同日龄、不同羽色，强弱悬殊的鸡混群饲养；饲养人员不固定，动作粗暴；饲料突然变换；饲喂不定时、不定量；鸡群缺乏运动；捡蛋不勤，特别是没有及时清除破蛋或没把死鸡及时捡出。

④疾病。鸡有体外寄生虫病，如鸡虱、螨等；体表皮肤创伤、出血、炎症；母鸡脱肛。

（2）症状

根据啄癖的嗜好不同，一般可将其分为如下6类：

①啄肛癖。幼鸡、成年鸡均可发生，以育雏期的幼鸡多发。表现为一群鸡追啄某一只鸡的肛门，造成其肛门受伤出血，严重者直肠或全部肠子脱出被食光。

②啄肉癖。鸡啄食体表有创伤或体弱有病或已死亡的鸡的肌肉，此类型的啄癖在各日龄的鸡中均可见到。

③啄毛癖。鸡互相啄食彼此身上羽毛，以致鸡群羽毛生长不整齐。情况严

重时，有的鸡背上羽毛全被啄光。此类型在鸡换羽期或长期缺乏某些营养成分时较多见。

④啄趾癖。鸡之间互相啄咬彼此的脚趾，以致脚趾出血，跛行，严重者脚趾被啄断。雏鸡较常发生此类型的啄癖。

⑤啄蛋癖。多发生于产蛋鸡产蛋盛期，常从软壳蛋被踩破或偶尔在鸡舍内打破一个蛋开始，表现为鸡群中某一只鸡刚产下蛋，就争啄鸡蛋。

⑥异食癖。表现为群鸡争食某些不能吃的东西，如砖石、稻草、羽毛、破布、粪便等。

（3）防治

①合理配合日粮。饲料要多样化，搭配要合理。最好根据鸡的年龄和生产特点，给予全价日粮，保证蛋白质和必需氨基酸（尤其是蛋氨酸和色氨酸）、矿物质、微量元素以及维生素的供给。在母鸡产蛋高峰期，要注意钙磷饲料的补充，使日粮中钙的含量达 3.25%～3.75%，钙磷比例为 6.5：1。

②改善饲养管理条件。鸡舍内要保持温度、湿度适宜，通风良好，光线不能太强。做好清洁卫生工作，保持地面干燥。环境要稳定，尽量减少噪声干扰，防止鸡群受惊。饲养密度不能过大，不同品种、不同日龄、不同羽色，强弱悬殊的鸡要分群饲养。更换饲料要逐步进行，最好有 1 周的过渡时间。喂食要定时、定量，并充分供给饮水。母鸡舍内要有足够的产蛋箱，放置要合理，定时捡蛋。及时将死鸡捡出。

③适当运动。在鸡舍运动场内设置沙浴池，或悬挂青饲料，借以增加鸡群的活动时间，减少相互啄食的机会。

④食盐疗法。在饲料中添加 1.5%～2.0% 的食盐，连续喂 3～5 天，啄癖症可逐渐减轻乃至消失。但不能长期饲喂，以防食盐中毒。

⑤生石膏疗法。啄羽癖多由于饲料中硫酸钙不足所致，可在饲料中加入生石膏粉，每只鸡每天 1～3 克，疗效很好。

⑥遮暗法。患有严重啄癖症的鸡群，其鸡舍内光线要遮暗，使鸡能看到食物和饮水即可，必要时可采用红光灯照明。

⑦断喙。对雏鸡或成年鸡进行断喙，可有效地防止啄癖症的发生。

⑧病鸡处理。被啄伤的鸡要立即挑出，并对伤处用 2% 龙胆紫溶液涂擦后隔离饲养。对患有啄癖症的鸡要单独饲养，严重者应予淘汰，以免扩大危害。由寄生虫病、外伤、脱肛引起的啄癖症，应将病鸡隔离治疗。

35. 如何防治鸡嗉囊阻塞？

鸡嗉囊阻塞又称鸡硬嗉症，多发生于雏鸡。引起本病的原因主要有：饲料搭配不合理，日粮突然改变，使鸡饥饱不均、过食、积食而诱发本病；饲料粗糙变质，如喂给低劣、含粗纤维多或发霉变质的饲料，使之蓄积在嗉囊内产生大量的液体和气体；由于鸡有异食癖，吃了难以消化的杂物，如鸡毛、塑料、麻绳等，使之在嗉囊内蓄积。

（1）症状

病鸡嗉囊膨大而坚硬，长时间不消化，食欲减退或废绝，精神萎靡，不愿活动，垂翅，冠青紫色。触及嗉囊有异物感。由于嗉囊内存有气体，常从口腔中吐出酸败难闻的气味。如不及时采取有效措施，数日后可能死亡。

（2）防治

①保证饲料质量良好，雏鸡不能投喂含粗纤维过高的饲料，定时、定量饲喂，经常清扫环境，清除各种有害异物，预防本病发生。

②病情不严重时，可灌服1.5%的碳酸氢钠溶液，直至嗉囊膨满，然后倒提鸡，使其头朝下，用手轻压嗉囊，排出积食和水，如此反复几次，可排尽内容物。也可向嗉囊内灌服生理盐水、植物油等，然后按摩，使之排出。

③病情严重时，为收到满意的治疗效果，实行手术疗法。